废气活性炭吸附实用手册

张洪玲 蒋 欣 苏 敬 ◎著

河海大學出版社
HOHAI UNIVERSITY PRESS
·南京·

图书在版编目(CIP)数据

废气活性炭吸附实用手册 / 张洪玲，蒋欣，苏敬著
. -- 南京：河海大学出版社，2023.7
　ISBN 978-7-5630-8239-1

　Ⅰ．①废⋯ Ⅱ．①张⋯ ②蒋⋯ ③苏⋯ Ⅲ．①活性炭
－炭吸附－应用－废气治理－手册 Ⅳ．①X7-62

　　中国国家版本馆 CIP 数据核字(2023)第 095146 号

书　　名	废气活性炭吸附实用手册
书　　号	ISBN 978-7-5630-8239-1
责任编辑	卢蓓蓓
特约编辑	徐倩文
特约校对	李　阳
装帧设计	张育智　刘　冶
出版发行	河海大学出版社
地　　址	南京市西康路 1 号(邮编:210098)
电　　话	(025)83737852(总编室)　(025)83722833(营销部)
经　　销	江苏省新华发行集团有限公司
排　　版	南京布克文化发展有限公司
印　　刷	江苏凤凰数码印务有限公司
开　　本	880 毫米×1230 毫米　1/32
印　　张	3.375
字　　数	90 千字
版　　次	2023 年 7 月第 1 版
印　　次	2023 年 7 月第 1 次印刷
定　　价	58.00 元

前　言

随着我国经济的快速发展,工业规模持续上升,工业源排放的挥发性有机物(VOCs)总量逐年增加。近年来,很多地区的环境空气质量问题越发突出,VOCs造成的环境影响受到人们的强烈关注。大部分VOCs具有较强毒性,是形成光化学烟雾及$PM_{2.5}$的重要前体物之一,其对区域性大气臭氧、$PM_{2.5}$污染、人体健康等方面都有重要影响。相对于颗粒物、二氧化硫、氮氧化物污染控制,对VOCs的管控已成为大气环境管理的短板。

在细颗粒物与臭氧协同控制及减污降碳的背景下,"十四五"期间,VOCs被列入大气环境质量的约束性指标,VOCs污染防治也成为大气污染控制的关键与重点。这就为工业企业的VOCs污染控制提出了新的挑战。在VOCs的末端控制技术中,吸附技术是当前工业VOCs治理的主流技术之一。由于活性炭具有较大的比表面积,吸附性能较好,具有较高的吸附容量,使VOCs得到较大的去除,同时能耗低、工艺成熟、产品经济、来源广泛,因此采用活性炭作为吸附剂进行挥发性有机物治理的方法被广泛应用。

但在实际应用中,企业往往存在着工艺选择、技术参数、管理要求等方面的困惑和疑问,因此笔者总结多年来工业园区环保管家的实践经验,在全面介绍活性炭吸附技术的发展现状、常见工艺流程、设备配置和再生途径的基础上,重点讲解了操作规范和管理要求,还列举了活性炭相关环境违法案件的查处情况,以期为工业 VOCs 防控工作者和企业管理者及对工业 VOCs 控制工作感兴趣的同行提供参考。

全书共设五个章节,撰写和修改本书的主要成员有张洪玲、蒋欣、苏敬,参编人员有黄冠燚、胡亚奇、沈家明、李一鸣和郭宁彬,全书结构和内容由张洪玲审定。

值此出版之际,感谢生态环境部南京环境科学研究所科技处、环境管理与工程技术中心在项目实施和成果凝练过程中给予的帮助,感谢江苏省环境工程技术有限公司大气环境事业部郑达高级工程师给予的指导。本书内容难免存在一些不妥之处,恳请广大读者朋友指正,我们将在今后工作中及时深入研究并不断完善。

目　录

1 活性炭概述

1.1 定义与内部结构

活性炭是指含碳物质经过炭化、活化制成的具有发达孔隙结构和巨大比表面积的多孔吸附材料。

不同于石墨和金刚石内部碳原子的排列有一定的规律,活性炭内部的非石墨微晶构造出发达的孔隙,提供了巨大的吸附容量。活性炭内部结构如图 1-1 所示。此外,在活性炭表面也具有一定的化学结构。活性炭在形成过程中,由于炭化过程中的高温使得母体芳香片边缘的化学键断裂,破坏了原本部分边缘碳原子具有的稳定的电子结构,导致这部分碳原子具有了未成对的电子,这些碳原子中的悬空键与杂原子(如 H、N、O 等)可形成表面基团,也有助于提高其吸附性能。[2]

图 1-1 活性炭内部结构图[1]

1.2 分类及用途

活性炭的外形各不相同(见图1-2),根据外形,通常可分成粉状和粒状两大类。其中,粒状有的是圆柱形,有的是球形,还有的是不规则的破碎炭。而蜂窝状活性炭是指以尺寸小于 $178\ \mu m$(80目)的粉末状活性炭、水溶性黏合剂和润滑剂等为主要原料,经过配料、模压挤出成型,再经过干燥后制成的蜂窝状吸附材料。

粉状活性炭[3]　　　　　柱状活性炭[4]　　　　不规则状活性炭[5]

图1-2　不同形态的活性炭

活性炭根据其不同制作材料又可分为煤质活性炭、木质活性炭、合成材料活性炭及其他类活性炭。

煤质活性炭(见图1-3)应用范围广泛,工业中常作为液相吸附类活性炭、气相吸附类活性炭和高要求领域活性炭等,像我们熟知的自来水、饮料的净化,焦糖的脱色,除味、除杂,废气净化和贵重金属冶炼等。它还可以作为催化剂及催化剂的载体,如钯炭催化剂、钌炭催化剂、铑炭催化剂、铂炭催化剂以及镍炭催化剂等。生活中还可以用来净化空气、吸附甲醛、衣服防潮等。[2]

木质活性炭通常是以木材、木屑、果壳等为主要原材料,经炭化、活化加工制备而成。根据《活性炭分类和命名》(GB/T 32560—2016),木质活性炭又可以分为木屑类活性炭、果壳类活性炭、椰壳类活性炭和生物质类活性炭四类。

图 1-3 煤质活性炭电镜照片(2 000×)[6]

相较于煤质活性炭,木质活性炭最大的优势是原材料来源广泛并且属于可再生资源。我国的椰子年产量基本达 40 万 t,木材年产量逾9 000 万 m³,其经过加工后剩余的边角废料除制作化肥外,剩余部分转化为活性炭也是常用的处理途径之一。防毒面具的过滤盒中多为颗粒状的木质活性炭,这种活性炭的孔径分布以微孔居多,更适合于吸附分子直径较小的有毒气体。[2]

合成材料活性炭是以合成树脂和共聚物等为主要原材料,经热解、活化合成。合成材料活性炭种类繁多,炭纤维布(布类合成材料活性炭)和炭纤维毡(毡类合成材料活性炭)都属于活性炭纤维。如炭纤维毡吸附性强、容量大且广谱性好,对有机气体分子的吸附量是粒状活性炭的几倍甚至几十倍,对

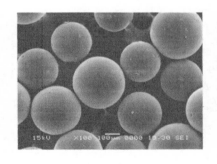

图 1-4 沥青基微球活性炭电镜图片[7]

于无机气体(如 NO、HF、HCl)也具有优良的吸附能力。除了能够吸附污染物,炭纤维毡因其强度大、刚度大、重量轻、抗疲劳、耐疲劳、抗腐蚀的特性,还被用于制作飞机结构外壳、电磁屏蔽材料、航空器材。[2]

除上述三种类型的活性炭外,还有一些由煤沥青(见图1-4)、石油焦等其他原质料制备而成的其他活性炭。

不同形态的活性炭在实际应用中差别很大,以柱状活性炭和蜂窝状活性炭为例进行优缺点比较见表1-1。

表1-1 不同活性炭性能差异比较[8]

柱状活性炭	蜂窝状活性炭
√ 应用广泛	×应用局限(只应用于 VOC)
√ 废炭可以再利用	×不可再利用,只能焚烧,蜂窝状活性炭焚烧去处难找
√吸附能力强(碘值800~1 100 mg/g)	×吸附能力差,碘值低(市场最好的炭碘值550 mg/g)
√ 成本低(节省成本40%~50%)	×成本高
√ 吸附效果好(比表面积大,过风时间长)	×吸附效果差(比表面积小,过风时间短)
√ 方便安装更换	×不方便安装更换(人工成本高)
×风阻大	风阻小(多孔结构)

注:市场常用蜂窝煤炭碘值仅300左右。

在活性炭各种应用中,国家标准《活性炭分类和命名》的附录 A中,提供了不同类型活性炭主要用途对照表,便于指导不同用户按需选取,详见表1-2:

表1-2 不同类型活性炭主要用途对照表[9]

制造原材料分类	产品类型	用途
煤质活性炭	柱状煤质颗粒活性炭	气体分离与精制、溶剂回收、烟气净化、脱硫脱硝、水质净化、污水处理、催化剂载体等
	破碎状煤质颗粒活性炭	气体净化、溶剂回收、水体净化、污水处理、环境保护等
	粉状煤质活性炭	水污染应急处理、垃圾焚烧、化工脱色、烟气净化等
	球形煤质颗粒活性炭	炭分子筛、催化剂载体、防毒面具、气体分离与精制、军用吸附等

制造原材料分类	产品类型	用途
木质活性炭	柱状木质颗粒活性炭	气体分离与精制、黄金提取、水质净化、食品饮料脱色等
	破碎状木质颗粒活性炭	净化空气、溶剂回收、水质净化、味精精制、乙酸乙烯合成触媒等
	粉状木质活性炭	水体净化、注射针剂脱色、糖液脱色、味精及饮料脱色、药用等
	球形木质颗粒活性炭	炭分子筛、血液净化、饮料精制、气体分离、提取黄金等
合成材料活性炭	柱状合成材料颗粒活性炭	气体分离与净化、水体净化、烟气净化、污水处理、环境保护等
	破碎状合成材料颗粒活性炭	净化空气、脱除异味、环境保护、上水与污水处理等
	粉状合成材料活性炭	水质净化、垃圾焚烧、化工脱色、烟气净化等
	成形活性炭	净水滤芯、净水滤棒、净空蜂窝体、环境保护、过滤吸附等
	球形合成材料颗粒活性炭	炭分子筛、气体分离、水体净化、催化剂载体等
	布类合成材料活性炭(炭纤维布)	防毒服、气相除臭、高电容电磁、香烟过滤等
	毡类合成材料活性炭(炭纤维毡)	溶剂回收、气相除臭、净空滤器、净水滤器等
其他类活性炭	沥青基微球活性炭	航天舱空气净化、血液净化、军用高效吸附等

1.3 吸附原理

1. 液相介质

活性炭吸附技术于 20 世纪 70 年代开始用于工业废水处理。生产实践表明,活性炭对水中微量有机污染物具有卓越的吸附性,它对纺织印染、染料化工、食品加工和有机化工等工业废水都有良好的吸附效果。一般情况下,对废水中以 BOD、COD 等综合指标表示的有机物,如合成染料、表面性剂、酚类、苯类、有机氯、农药和石油化工产品等,都有独特的去除能力。所以,活性炭吸附法已逐步成为工业废水二级或三级处理的主要方法之一。[10]

吸附是一种物质附着在另一种物质表面上的缓慢作用过程。吸附是一种界面现象,其与表面张力、表面能的变化有关。引起吸附的推动能力有两种,一种是溶剂水对疏水物质的排斥力,另一种是固体对溶质的亲和吸引力。废水处理中的吸附,多数是这两种力综合作用的结果。活性炭的比表面积和孔隙结构直接影响其吸附能力,在选择活性炭时,应根据废水的水质通过试验确定。对印染废水宜选择过渡孔发达的炭种。此外,灰分也有影响,灰分越小,吸附性能越好;吸附质分子的大小与炭孔隙直径越接近,越容易被吸附;吸附质浓度对活性炭吸附量也有影响。在一定浓度范围内,吸附量是随吸附质浓度的增大而增加的。另外,水温和 pH 值也有影响。吸附量随水温的升高而减少。[10]

2. 气相介质

在实际处理工业有机废气过程中,经常使用的活性炭大多数会呈现出颗粒状或蜂窝状,这是由于活性炭的基本属性是有孔隙的多孔结构,且自身的表面积相对较大[11]。因此,在使用活性炭进行废气处理时,有机废气在经过活性炭的较大表面积后,能够实现充分接触,进而在活性炭孔隙拦截的作用下,将废气中的污染物质进行阻截,最终实现对排放的气体进行高效净化。

在实际应用中,该技术存在着两种不同的吸附过程,分别为化学吸附与物理吸附。其中,化学吸附主要是通过活性炭表面的吸附剂与有机废气中的物质分子之间产生的强烈化学反应,进而产生放热过程,由此完成有机废气的处理。而物理吸附方式则是通过活性炭表面的吸附因子与有机废气之间产生的,即被吸附分子形成物理状态下的静电摩擦力,或者是由范德华引力所引起的摩擦吸附状态,从而在这一放热过程当中达到不可逆的吸附效果。[12]

1.4 性能指标及检测方法

活性炭作为一种吸附材料,广泛应用于气相和液相的吸附净化。为了在实际应用中控制好活性炭产品的质量,需要对活性炭的性能指标及相应的检测方法做全面的了解。常见的性能指标包括:水分、灰分、比表面积、耐磨强度、抗压强度、断裂强力、着火点、碘吸附值、亚甲蓝吸附值、苯/四氯化碳吸附率等(见表1-3)。

表1-3 常见性能指标分类

分类	常用指标
物理性能	着火点、水分含量、耐磨强度、抗压强度、断裂强力、粒径分布、装填密度、堆积重等
吸附性能	碘值、亚甲蓝值、四氯化碳吸附率、苯吸附率等
化学性能	灰分、pH 值、丁烷工作容量等
微观结构	比表面积、总孔容积等

其中有些指标仅针对某一特种类型的活性炭,例如,耐磨强度是颗粒活性炭的专属技术参数;抗压强度又分横向抗压强度和纵向抗压强度,是蜂窝活性炭的常用技术参数;断裂强力是活性炭纤维的技术参数。

1. 表征物理性能的指标

(1)粒度

活性炭颗粒的大小通常是用目数表示的(也有用尺度单位 mm 表示的)。

目数是指物料的粒度或粗细度。一般定义是指在 1 ft²(25.4 mm ×25.4 mm)的面积内的筛网,物料能通过该筛网,筛网的孔数即为目数。例如,200 目就是指该物料能通过 1 ft² 内有 200 个网孔的筛网。目数越大,颗粒越小,一般超过 100 目,活性炭颗粒就趋于粉末。

目数前面加正负号则表示能否漏过该目数的网孔。负数表示能漏过该目数的网孔,即颗粒尺寸小于网孔尺寸;正数则表示不能漏过该目数的网孔,即颗粒尺寸大于网孔尺寸。

在检测过程中,颗粒活性炭通常是检测活性炭的粒度分布,粉炭检测相应粒度的通过率。

粒度分布指不同粒径范围内颗粒的个数(或质量)所占的比例。测定方法:将一定质量的试样置于振荡机上进行筛分,用保留在各筛层上的试样质量占原试样质量的百分比来表示试样的粒度分布。[13]

(2) 水分含量

指活性炭所含水分的质量占活性炭质量的百分比,单位是%。活性炭是多孔性吸附材料,其孔隙中水分含量的高低会影响其吸附效果,水分含量越高,单位质量内干基越低,吸附其他物质的能力就越弱。

通常,煤质活性炭的水分在 5% 以内,木质、椰壳、果壳活性炭的水分在 10% 以内。因活性炭具有吸水性,自然存放时要尽量放置于干燥通风的环境中,以免造成活性炭水分过高。

测定方法:将一定质量的活性炭试样烘干,其所含水分挥发,以失去水分的质量占原试样质量的百分数表示水分的质量分数。[13]

(3) 装填密度

指活性炭经装填后单位体积的质量。单位是 g/mL 或 g/L。

测定方法:将活性炭经振荡筛落入量筒中,称 100 mL 活性炭的质量,计算装填密度。

活性炭通常还用堆积重来表示其密度。堆积重与装填密度的单位一致,其区别是堆积重是堆积密实后单位体积的质量,因此,同种活性炭产品堆积重数值大于装填密度数值。[13]

(4) 耐磨强度

主要是用来表征活性炭的耐磨程度,强度越高,在实际使用过程中,磨损情况越少。在再生过程中,废颗粒活性炭强度越高,其再生得率也越高。强度的单位是%。

活性炭强度的测定方法有滚筒法和球盘法,国内活性炭强度通常是指采用滚筒法测定后的强度。

滚筒法测定原理:在规定的条件下,将活性炭置于装有钢球的滚筒中,滚筒内壁对称分布两条纵筋并装有五颗实心钢球。通过滚筒机械转动,活性炭被磨损,测定被破坏活性炭粒度的变化情况,用保留在试验筛上的活性炭质量占原活性炭的质量百分比作为活性炭强度。[13]

活性炭强度测定仪(图 1-5)主要技术参数如下:

图 1-5 活性炭强度测定仪

体积:50 cm×30 cm×31 cm

电压:220 V

滚筒转速:50 r/min±2 r/min

钢球直径:14.3 mm±0.2 mm

滚筒内径:80 mm±0.2 mm

滚筒壁厚：3 mm±0.3 mm

滚筒端盖外径：120 mm±0.5 mm

滚筒深度：126 mm±0.5 mm

（5）抗压强度

抗压强度是单位面积上能承受极限载荷值的实测值，单位为兆帕（MPa）。抗压强度是表征吸附材料受压时是否会产生破裂现象的一个指标，一旦受到压力作用发生变形、破损等现象，会导致堵塞空隙、比表面积和干基损失等结果，尤其在风机大风量作用条件下，将会在一定程度上影响吸附材料的吸附性能。

蜂窝活性炭采用优质煤质活性炭为原料，经模具压制、高温活化烧制而成，具有比表面积适中、通孔阻力小、微孔发达、高吸附容量、使用寿命较长等特点，在气体污染治理中被普遍应用，其规格参数有100 mm×100 mm×100 mm 和 50 mm×100 mm×100 mm 两种，孔距一般为 1.55 mm，壁厚约为 1 mm，在安装过程中，需要将蜂窝炭层层叠加，因此对蜂窝炭的抗压强度有相应要求。

相关抗压强度的检测执行 GB/T 13465.3[①] 中的相关规定。

（6）断裂强力

断裂强力是塑性材料常用的一个质量性能指标，指按规定的条件进行测试，拉伸活性炭纤维至断裂，取其断裂时最低值的力，以牛顿表示。

断裂强力指标适用于活性炭纤维，这与活性炭纤维的制备工艺密切相关。粘胶纤维、PAN 基碳纤维、沥青纤维和酚醛纤维是生产活性炭纤维的主要原料，但是总的来说分为纤维丝预处理、炭化和活化三个阶段。在挥发性有机物治理应用方面，活性炭纤维主要用于甲苯和苯等苯系化合物、二氯甲烷、三氯乙烯、甲烷等有机物的处理，活性炭纤维是否破损直接影响到吸附装置的吸附效果，因此断裂强力就成了

---

① 标准经常更新，为避免误导读者，书中部分标准仅标注标准编号，略去年份。

衡量活性炭纤维质量的重要指标。

断裂强力的检测按 GB/T 3923.1 中的相关规定执行。

2. 表征吸附性能的指标

表征吸附性能的常见指标有碘吸附值、亚甲蓝值、四氯化碳吸附率。

在各类吸附指标中,碘值(碘吸附值)是指溶液中碘的剩余(平衡)浓度为 0.02 N/L 时,每克活性炭的吸碘量。碘值的单位是 mg/g。碘分子直径仅有 0.335 nm,因此碘值主要是用来表征活性炭微孔的发达程度,表示活性炭对小分子的吸附能力。[14]

亚甲蓝值是指 1.0 g 炭与 1.0 mg/L 浓度的亚甲蓝溶液达到平衡状态时吸收的亚甲蓝的毫克数。常用单位有 mg/g 和 mL/0.1g。亚甲蓝分子的直径比碘分子的大,通常用亚甲蓝值表征活性炭中孔数量的多少。在实际应用中,也常用亚甲蓝值来代表活性炭的脱色能力,亚甲蓝值越高,通常同等单位重量的情况下,脱色情况越好。[14]

四氯化碳吸附率(CTC)指活性炭对四氯化碳的吸附比例。在特定的温度条件下,将四氯化碳蒸汽混合通过活性炭,经过一段时间后,称量,不断重复此步骤,直到重量不变、活性炭吸附饱和时,活性炭吸附的四氯化碳总量即为活性炭的四氯化碳吸附值。四氯化碳吸附率单位是%。CTC 主要用来评定活性炭的气相吸附能力,是对气相用炭进行质量控制的主要检测方法。[14]

上述三种常见的活性炭吸附能力指标的检测方法汇总见表 1-4。

表 1-4　常见活性炭吸附指标的检测方法

序号	活性炭吸附能力指标	检测方法
1	碘吸附值	取一定量的活性炭试样与已知浓度的碘标准溶液充分接触振荡后,经过滤(离心分离),再移取一定量的碘的澄清液,用已知浓度的硫代硫酸钠滴定。求出每克活性炭所吸附的碘的量

序号	活性炭吸附能力指标	检测方法
2	亚甲蓝值	称取一定量的经磨碎、烘干的活性炭试样,与配制好的已知浓度的亚甲蓝溶液充分混合吸收,过滤后,利用分光光度计在波长 6 655 m 下测定滤液的吸光度,与硫酸铜标准色溶液(质量分数为 0.4% 的水溶液)的吸光度相对照,调整加入的亚甲蓝溶液的量,直到测出的试样滤液与硫酸铜标准色溶液的吸光度读数相差不到 ±0.02 为止。计算出每克活性炭吸附亚甲蓝的质量
3	四氯化碳吸附率(CTC)	将待测活性炭样品放入温度为 150 ℃的烘箱内,烘干 2 h。冷却至室温,将试样分 2～3 次入测定管,炭层的高度为 10 cm 左右,对装填好的样品管称量并记录重量后,将其与仪器连通,垂直放入 25±1 ℃恒温水浴中。再控制气流比速为(0～50±0.01)L/(min · cm^2)的干燥空气通过冰水浴中的 CCl_4 发生瓶,直至 CCl_4 蒸汽浓度稳定在 (25±10)mg/L;让此浓度的 CCl_4 通过各测定管,通气 60 min 后取出测定管,擦拭干净后称重,每隔 15 min 称量一次,直至饱和吸附为止

3. 表征化学性能的指标

(1) 灰分

灰分是指单位质量活性炭经灼烧所得残渣占原活性炭的质量比例,单位是%。

灰分高低主要受原材料的影响。木质活性炭通常灰分低,经物理法或化学法生产的木质炭灰分在 5% 以内;果壳和椰壳类活性炭灰分在 10% 以内;而煤质活性炭的灰分则较高,通常都高于 10%。在生产加工中,可以通过酸洗工艺降低活性炭的灰分。在实际应用中,控制灰分是为了避免造成二次污染。[13]

(2) pH 值

pH 值指活性炭的酸碱度。物理法生产的活性炭通常 pH 呈碱性,化学法生产的活性炭通常 pH 值呈酸性。活性炭也可以通过酸洗或者碱洗调节其 pH 值。

测定方法:活性炭在沸腾过的水(去离子水或蒸馏水)中煮沸,测定其冷却滤液的 pH 值。[13]

（3）丁烷工作容量（BWC）

丁烷工作容量是指规定条件下单位体积活性炭对丁烷的饱和吸附量与在规定条件下脱附后仍保留在活性炭上的丁烷量之差值。它是评价活性炭气相吸附脱附应用的重要参数，单位 g/100 mL。

测试方法：在规定的条件下使正丁烷气体通过已知体积和质量的活性炭样品，直至样品炭的质量不再增加为止（达到饱和），然后在规定的条件下用洁净干燥的空气或者氮气吹洗炭层。饱和吸附量与吹洗后仍然残留在活性炭上的丁烷量之差为活性炭丁烷工作容量，并以单位体积或单位质量炭的丁烷质量表示。[13]

4. 表征微观结构的指标

（1）比表面积

比表面积是指 1 g 活性炭所具有的颗粒外表面积和颗粒内部孔隙的内表面积总和。比表面积的单位是 m^2/g，比表面积表征活性炭综

图 1-6　比表面积测定仪

合孔隙的发达程度,比表面积越大,孔隙越发达;所含微孔越发达,其比表面积也越大。通常国内大多数工厂的常规检测很少检测比表面积,也不具备比表面积的检测设备和能力。[15]

测定原理:把相对压力在 0.05~0.35 范围内的吸附等温线数据,按 BET 方程式(二常数公式),求出试料单分子层吸附量,根据吸附质分子截面积,即可计算出活性炭试样的比表面积。[15]

(2)总孔容积

总孔容积是指活性炭中孔隙所占的体积。总孔容积是微型孔、中型孔和大型孔的容积之和。总孔容积的单位为 m^3/g,可以通过测定活性炭的真密度、颗粒密度来计算其总孔容积。[15]

注:真密度指不含孔隙容积和颗粒间孔隙容积的单位体积吸附剂的质量,也称绝对密度。颗粒密度指包含孔隙容积而不包含颗粒间孔隙容积的单位体积吸附剂颗粒的质量。

表 1-5　活性炭质量检测方法汇总[16]

序号	项目	检测方法
1	水分	根据制备材料的不同,煤质活性炭执行 GB/T 7702.1 中的规定,生物质活性炭执行 GB/T 12496.4 中的规定,活性炭纤维执行 DB32/T 2770 中的规定
2	耐磨强度	根据制备材料的不同,煤质活性炭执行 GB/T 7702.3 中的规定,生物质活性炭执行 GB/T 12496.6 中的规定
3	抗压强度	执行 GB/T 13465.3 中的规定
4	断裂强力	执行 GB/T 3923.1 中的规定
5	碘吸附值	根据制备材料的不同,煤质活性炭执行 GB/T 7702.7 中的规定,生物质活性炭执行 GB/T 12496.8 中的规定,活性炭纤维执行 DB32/T 2770 中的规定
6	四氯化碳吸附率	根据制备材料的不同,煤质活性炭执行 GB/T 7702.13 中的规定,生物质活性炭执行 GB/T 12496.5 中的规定,活性炭纤维参考执行 GB/T 12496.5 中规定执行
7	苯吸附率	根据制备材料的不同,煤质及生物质活性炭执行 LY/T 3155 中的规定,活性炭纤维执行 DB32/T 2770 中的规定

序号	项目	检测方法
8	着火点	执行 GB/T 20450 中的规定
9	灰分	根据制备材料的不同,煤质活性炭执行 GB/T 7702.15 中的规定,生物质活性炭执行 GB/T 12496.3 中的规定,活性炭纤维执行 DB32/T 2770 中的规定
10	比表面积	颗粒活性炭和蜂窝活性炭执行 GB/T 7702.20 中的规定,活性炭纤维执行 HG/T 3922 中的规定
11	装填密度	执行 GB/T 7702.4 中的规定
12	丁烷工作容量	执行 GB/T 20449 中的规定

1.5 如何挑选优质活性炭

与中医诊断病情需要望、闻、问、切相类似,挑选优质的活性炭也可以通过"一看二称三试四测"的方法来判断。

第一种:外观目测法。

形状短且笔直,呈墨黑色的为优质炭

形状偏长且弯曲,颜色偏灰,甚至有锈色为劣质炭

放入清水后,优质炭会排出细小气泡,且呈细线状,同时炭粒如泡茶一样,上下浮动,并发出持续的"嘶嘶"声

劣质炭则下沉速度快、不连续,持续时间相对较短,甚至没有气泡和"嘶嘶"声

在同一容器内,装满不敲实,质量更轻的为优质炭;反之则为劣质炭

采用颗粒活性炭时其碘值不宜低于 800 mg/g

采用蜂窝活性炭时,其碘值不宜低于 650 mg/g 比表面积不宜低于 750 m²/g(BET法)

采用活性炭纤维时其比表面积不宜低于(BET法)1 100 m²/g

图 1-7 挑选活性炭的常用方法[17]

通常形状短且笔直,呈墨黑色的活性炭为优质炭;而劣质活性炭则形状偏长且弯曲,颜色发灰,甚至出现锈色。

第二种:密度对比法。活性炭按国标 7702 方法检测,装填密度通常在 $0.35\sim0.65$ g/cc,炭化料(活化之前的产品)装填密度通常在 0.75 g/cc 左右,因此,选择常见的矿泉水瓶做容器,装满产品不敲实,可以做简单的分别。

△低品质活性炭　　　　　　△高品质活性炭

图 1-8　称量实验照片[8]

图中左右两边分别是 355 mL 劣质柱炭和 355 mL 优质柱炭。左右两边含瓶重量分别为 283.9 g、222 g。通过密度比对,低品质活性炭装填密度明显大于高品质活性炭装填密度。[8]

第三种:入水观察法。将品质较高的活性炭投入装有水的玻璃容器后,可以看到:活性炭在水中吸水后并排出空气,气泡成直线连续状,有明显的嘶嘶声;通常活性炭是缓慢入水,而不会像石头一样直接直线下沉;个别活性炭会有上下浮动,如泡茶叶的过程中有点茶叶上下浮动;通常会有部分活性炭漂浮在上面,并随浸润

**图 1-9　活性炭入水
实验照片**[8]

时间下沉（个别润湿性很好的时间短）。[8]

劣质活性炭投入水中，下沉速度快，持续时间相对较短，甚至没有气泡和嘶嘶声。

第四种：技术指标法。根据产品检测报告上的指标数据，对照相应质量标准来进行判别。《2020 年挥发性有机物治理攻坚方案》提出"采用活性炭吸附技术的，应选择碘值不低于 800 毫克/克的活性炭"，目的是引导企业主动使用吸附效率高的活性炭，实现 VOCs 有效减排。

《工业水处理用活性炭技术指标及试验方法》（LY/T 3279—2021）和《工业有机废气净化用活性炭技术指标及试验方法》（LY/T 3284—2021）对于活性炭合格品和优级品都给了相应的标准，便于选购时对照。

根据《省生态环境厅关于深入开展涉 VOCs 治理重点工作核查的通知》的相关要求，在对活性炭吸附装置核查中要求颗粒活性炭碘吸附值≥800 mg/g，比表面积≥850 m²/g；蜂窝活性炭横向抗压强度应不低于 0.9 MPa，纵向强度应不低于 0.4 MPa，碘吸附值≥650 mg/g，比表面积≥750 m²/g。活性炭纤维其比表面积不低于1 100 m²/g（BET 法）。

图 1-10 为某柱状活性炭的检测报告截图，根据检测结果可以判

检测报告

采样编号：2021080915 客户标识：活性炭 2021.8.9			
序号	检验检测项目	检验检测结果	检测方法	备注
1	碘吸附值 mg/g	1127	GB/T 7702.7-2008	——
2	四氯化碳吸附率 %	87.98	GB/T 7702.13-1997	——
3	比表面积 m²/g	1302	GB/T 7702.20-2008	——

图 1-10 某柱状活性炭的检测报告截图

断,该活性炭的碘吸附值、四氯化碳吸附率及比表面积 3 项技术指标都满足相应要求,产品质量合格。

工业有机废气治理用活性炭常规及推荐技术指标[18]详见表 1-6、表 1-7,出厂检测项目见表 1-8。

使用活性炭的企业应备好所购活性炭厂家关于活性炭碘值、比表面积等产品质量证明材料,以备查。

表 1-6 工业有机废气治理用活性炭常规技术指标[19]

编号	项目		指标		
			颗粒活性炭	蜂窝活性炭	活性炭纤维
1	水分含量/%	≤	10	10	25
2	耐磨强度/%	≥	90	—	—
3	抗压强度/MPa	≥	—	横向:0.9	
			—	纵向:0.4	
4	断裂强力/N	≥	—	—	5
5	着火点/℃	≥	400[1]	400	500
			350[2]		
6	碘吸附值/(mg/g)	≥	800	650	1050
7	四氯化碳吸附率/%	≥	45	25	65

注:[1]煤质活性炭执行该要求。
　　[2]生物质活性炭执行该要求。

表 1-7 工业有机废气治理用活性炭推荐技术指标[19]

编号	项目		指标		
			颗粒活性炭	蜂窝活性炭	活性炭纤维
1	丁烷工作容量/(g/100 mL)	≥	7	—	9.5
2	苯吸附率/(mg/g)	≥	300	300	420

编号	项目		指标		
			颗粒活性炭	蜂窝活性炭	活性炭纤维
3	灰分/%	≥	15[1]	—	5
			8[2]		
4	比表面积/(m²/g)	≥	850	750	1 100
5	装填密度/(g/cm³)	—	0.35~0.55	—	—

注：[1] 煤质活性炭执行该要求。
　　[2] 生物质活性炭执行该要求。

备注：(1) 工业有机废气治理用活性炭需满足表 1-6 中常规技术指标要求。表 1-7 中推荐技术指标可按照送检需求选择性测试。

　　(2) 再生活性炭产品除了满足本标准要求外，还应满足 GB 34330 和 HJ 1091 中相关综合利用产物要求。

　　(3) 挥发性有机物治理用活性炭除满足表 1-6 规定外，还应满足 HJ 2026 中吸附剂的要求。

表 1-8　工业有机废气治理用活性炭出厂检测项目[19]

编号	检验项目	指标		
		颗粒活性炭	蜂窝活性炭	活性炭纤维
1	水分含量	✓	✓	✓
2	耐磨强度	✓	—	—
3	抗压强度	—	✓	—
4	断裂强力	—	—	✓
5	着火点	✓	✓	✓
6	碘吸附值	✓	✓	✓
7	四氯化碳吸附率	✓	✓	✓

2 VOCs 的活性炭吸附处理

2.1 VOCs 的来源与危害

VOCs 主要指温度在 20℃、大气压在 101.3 kPa、蒸汽压在 13.3 Pa 以上时,沸点在 260 ℃以下的烃类、醇类、醛类、酮类、胺类挥发性有机化学物质。[20]

VOCs 的来源相对广泛。在室内,VOCs 主要来自燃煤和天然气等燃烧产物、吸烟、采暖和烹调等的烟雾,建筑和装饰材料、家具、家用电器、汽车内饰、清洁剂中挥发有机物的排放等。而在室外则主要来自燃料燃烧和交通运输产生的工业废气、汽车尾气、光化学污染等。在工业生产中化工石化、包装、制药、印刷、喷漆[21]等重点行业是挥发性有机废气的主要来源。

VOCs 会直接对人体皮肤、黏膜、中枢神经系统造成影响,其毒性、刺激性、致癌性特点会破坏人体健康,直接表现为人体出现各类不适反应。[20]除此之外,VOCs 是形成细颗粒物(PM$_{2.5}$)、臭氧(O$_3$)等二次污染物的重要前体物,进而引发灰霾、光化学烟雾等大气环境问题。随着我国工业化和城市化的快速发展以及能源消费的持续增长,以 PM$_{2.5}$ 和 O$_3$ 为特征的区域性复合型大气污染日益突出,区域内空气重污染现象大范围同时出现的频次日益增多,严重制约经济社会的可持续发展,威胁人民群众身体健康。[22]

综上,VOCs 具有较大的危害性,有效治理、大幅削减有机废气尤为重要。

2.2 VOCs 废气治理现状

在细颗粒物与臭氧协同控制及减污降碳的背景下,"十四五"期间,挥发性有机污染物被列入大气环境质量的约束性指标,VOCs 污染防治也成为大气污染控制的关键与重点。除了从工业生产源头对有机废气的产生量进行削减,也要在排放过程以及末端进行有效处理。目前国内常见的 VOCs 末端治理方法大致可分为 2 类:一类是具有破坏性[23]的方法,主要为燃烧法,又分高温焚烧法和催化燃烧法;另一类是非破坏性方法[23],如吸附法、吸收法、冷凝法、膜分离法、生物法等。此外,近十年来还兴起了光催化氧化技术、紫外光催化技术、微波催化氧化技术、活性炭纤维治理技术和几种方式的组合净化技术。

2.2.1 VOCs 废气治理方法

1. 破坏法

(1) 高温焚烧法

高温焚烧通常可以分为直接燃烧和热力燃烧两种方式。

直接燃烧亦称为直接火焰燃烧。将 VOCs 直接通到焚烧锅炉中,由于本身含有较高浓度的可燃组分,可在炉内充分燃烧,有害物质在高温作用下分解为无害物质。本法工艺简单、投资小,适用于高浓度、小风量的废气。直接燃烧设备包括一般的燃烧炉窑,或通过某种装置将废气导入锅炉作为燃料气进行燃烧,不适合处理低浓度气体。

热力燃烧一般用于处理废气中含可燃组分浓度较低的情况,由于废气中可燃组分的浓度很低,燃烧过程中所放出的热量不足以满足燃烧过程所需的热量。因此,废气本身不能作为燃料,必须有辅助燃料作为助燃气体,在辅助燃料燃烧的过程中,将废气中的可燃组分销毁。与直接燃烧相比,热力燃烧所需要的温度一般较低,通常为 $540 \sim 820$ ℃。若接入锅炉中 VOCs 浓度较低,则需加入辅助燃料,使 VOCs 充分燃烧,最终生成 CO_2 和 H_2O。这种方法成本低,运用范围广,技术路线也比较成熟。对于处理 VOCs 以及有机物浓度低的不含氧装置废气,一般用焚烧炉进行。

（2）催化燃烧法

催化燃烧法是在废气燃烧的时候加入某种催化剂,降低 VOCs 的燃点,使 VOCs 能够充分燃烧,最终生成 CO_2 和 H_2O,实现直排。目前常用催化剂种类有贵金属（如 Pt、Pd）与非贵金属（如 Ti、Fe、Cu 等）两大类。[23]

此方法主要优点有：① 起燃温度低,能耗低；② 处理效率高,无二次污染,对有机物浓度和组分处理范围宽,启动能耗低,能回收,输出的部分热能所需设备体积小、造价低。主要缺点是当有机废气浓度太低时,需要大量补充外加的热量才能维持催化反应的进行。

2. 非破坏法

（1）吸附法

吸附法是利用具有微孔结构的吸附剂,将挥发性有害气体的有毒物质吸附在吸附剂表面上,使有机物从主体分离。吸附法又分化学吸附和物理吸附两种。化学吸附剂多用于治理水相污染物,因接触时间问题,在现实中化学吸附法治理有机废气非常少。而物理吸附材料在处理有机废气方面则更有效,特别是改良后的纤维吸附材料,相比颗粒状和蜂窝状的吸附材料,吸收速率更高,效果更好。[23]

吸附法具有适用范围广、工艺简单、去除率高等优点,广泛应用在环境污染控制领域。但该法也存在吸附剂用量大、再生困难、占地面积大等缺点,故一般将吸附法作为其他方法的后续处理措施。

（2）吸收法

吸收法是利用 VOCs 的物理和化学性质,使用液体吸收剂与废气直接接触而将 VOCs 转移到吸收剂中。物理吸收剂根据相似相容的特性来产生作用,企业常用水吸收易溶于水的污染气体,比如醇、丙酮、甲醚等。化学吸收方法主要利用有机废气与吸收剂发生化学反应,达到吸收废气的目的。例如,化工行业可以采用液体石油、表面活性剂和水的混合试剂来处理废气,这种方法可以对 H_2S、NO_x、SO_2 等废气进行快速处理。

通常对 VOCs 的吸收为物理吸收,使用的吸收剂主要为柴油、煤油、水等。任何可溶解于吸收剂的有机物均可以从气相转移到液相中,然后对吸收液进行处理。

吸收法有直接回收、压缩冷凝回收、浓缩冷凝回收,根据不同的废气种类选择不同的处理工艺。目前直接回收和压缩冷凝回收在国内技术成熟,而浓缩冷凝设备几乎全部为进口设备,费用高昂。[23]此方法的不足之处在于吸收后处理投资大,对有机成分选择性大,易出现二次污染。

（3）膜分离法

膜分离技术在 VOCs 处理中已有所应用,其原理是利用有机分子粒径的大小差异来进行分离,然后再收集回收和再利用。使用中需在进料侧施加压力,形成稳定压力差,使渗透得到足够动力。该膜类似于半透膜,过滤后产物纯度较高,应用范围广。缺点是膜容易发生堵塞,膜价格较高,运营成本高。[23]

（4）生物法

生物处理法是 VOCs 处理技术领域关注的重点。生物处理法最大优点是利用了菌群对有机物进行分解,厌氧菌和好氧菌都可以对有机废气进行降解,降低废气对环境的污染。当前,常见的处理 VOCs

的生物法有生物洗涤法、生物过滤法和生物滴滤法,主要设备包括有生物滤池、生物滴滤塔、生物洗涤器等。这种方式目前可以处理简单的废气,其具有绿色环保的优势,应用潜力巨大。[23]

2.2.2 VOCs 废气治理技术

1. 常用治理技术

实用的 VOCs 端治理技术众多,主要包括吸附、燃烧(高温焚烧和催化燃烧)、吸收、冷凝、生物处理及其他组合技术。表 2-1 列出了主要控制技术的优缺点。

表 2-1 常见 VOCs 控制技术的优缺点比较

常见技术装备		优点	缺点
吸附技术	固定床吸附系统	1. 初设成本低; 2. 能源需求低; 3. 适合多种污染物; 4. 在臭味去除方面有很高的效率	1. 无再生系统时吸附剂更换频繁; 2. 不适合高浓度废气; 3. 废气湿度大时吸附效率低; 4. 不适合含颗粒物状废气,对废气预处理要求高; 5. 热空气再生时有发生火灾的危险; 6. 对某些化合物(如酮类、苯乙烯)吸附时受限
	旋转式吸附系统	1. 结构紧凑,占地面积小; 2. 连续操作,运行稳定; 3. 床层阻力小; 4. 适用于低浓度、大风量的废气处理; 5. 脱附后废气浓度浮动范围小	1. 对密封件要求高,设备制造难度大、成本高; 2. 无法独立完全处理废气,需要与其他废气处理装置组合使用; 3. 不适合含颗粒物状废气,对废气预处理要求高
吸收技术	吸收塔	1. 工艺简单,设备费低; 2. 对水溶性有机废气处理效果佳; 3. 不受高沸点物质影响; 4. 无耗材处理问题	1. 净化效率较低; 2. 耗水量较大,排放大量废水,造成污染转移; 3. 填料时吸收塔易堵塞; 4. 存在设备腐蚀问题

常见技术装备		优点	缺点
燃烧技术	TO/TNV	1. 污染物适用范围广； 2. 处理效率高(可达95%以上)； 3. 设备简单	1. 操作温度高,处理低浓度废气时运行成本高； 2. 处理含氮化合物时可能造成烟气中 NOx 超标； 3. 不适合含 S、卤素等化合物的治理； 4. 处理低浓度 VOCs 时燃料费用高
	CO	1. 操作温度较直接燃烧低,运行费用低； 2. 相较于 TO,燃料消耗量少； 3. 处理效率高(可达95%以上)	1. 催化剂易失活(烧结、中毒、结焦),不适合含有 S、卤素等化合物的净化； 2. 常用贵金属催化剂价格高； 3. 有废弃催化剂处理问题； 4. 处理低浓度 VOCs 时燃料费用高
	RTO	1. 热回收效率高（＞90%),运行费用低； 2. 净化效率高(95%～99%)； 3. 适用于高温气体	1. 陶瓷蓄热体床层压损大且易堵塞； 2. 低 VOCs 浓度时燃料费用高； 3. 处理含氮化合物时可能造成烟气中 NOx 超标； 4. 不适合处理易自聚化合物(苯乙烯等),其会发生自聚现象,产生高沸点交联物质,造成蓄热体堵塞； 5. 不适合处理硅烷类物质,燃烧生成固体尘灰会堵塞蓄热陶瓷或切换阀密封面
	RCO	1. 操作温度低,热回收效率高(＞90%),运行成本较 RTO 低； 2. 高去除率(95%～99%)	1. 催化剂易失活(烧结、中毒、结焦),不适合含有 S、卤素等化合物的净化； 2. 陶瓷蓄热体床层压损大且易堵塞； 3. 处理含氮化合物时可能造成烟气中 NOx 超标； 4. 常用贵金属催化剂成本高； 5. 有废弃催化剂处理问题； 6. 不适合处理易自聚、易反应等物质(苯乙烯),其会发生自聚现象,产生高沸点交联物质,造成蓄热体堵塞； 7. 不适合处理硅烷类物质,燃烧生成固体尘灰会堵塞蓄热陶瓷或切换阀密封面

常见技术装备		优点	缺点
生物技术	生物处理系统（生物滤床、生物滴滤塔、生物洗涤塔等）	1. 设备及操作成本低，操作简单； 2. 除更换填料外不产生二次污染； 3. 对低浓度恶臭异味去除效率高	1. 不适合处理高浓度废气； 2. 普适性差，处理混合废气时菌种不宜选择或驯化； 3. 对 pH 控制要求高； 4. 占地广大、滞留时间长、处理负荷低
其他组合技术	沸石浓缩转轮＋RTO/CO/RCO	1. 去除效率高； 2. 适用于大风量低浓度废气； 3. 燃料费较低； 4. 运行费较低	1. 处理含高沸点或易聚合化合物时，转轮需定期维护； 2. 处理含高沸点或易聚合化合物时，转轮寿命短； 3. 对于极低浓度的恶臭异味废气处理，运行费用较高
	活性炭＋CO	1. 适用于低浓度废气处理； 2. 一次性投资费用低； 3. 运行费用较低； 4. 净化效率较高（≥90％）	1. 活性炭和催化剂需定期更换； 2. 不适合含颗粒物状废气； 3. 不适合处理含 S、卤素、重金属、油雾以及高沸点、易聚合化合物的废气； 4. 若采用热空气再生，不适合环己酮等酮类化合物的处理
	冷凝＋吸附回收	1. 回收率高，有经济效益； 2. 适用于高沸点、高浓度废气处理； 3. 低温下吸附处理 VOCs 气体，安全性高	1. 单一冷凝要达标需要很低的温度，能耗高； 2. 净化程度受冷凝温度限制，运行成本高； 3. 需要有附设的冷冻设备，投资大、能耗高、运行费用大

2. 常用治理技术的适用范围

各类技术都有其一定的适用范围，其对废气组分及浓度、温度、湿度、风量等因素有不同要求，因此企业在选用治理技术时，应从技术可行性和经济性等方面进行考虑。

废气浓度方面，对于高浓度的 VOCs（通常高于 1％，即 10 000 mg/m³），一般需要进行有机物的回收。通常首先采用冷凝技术将废气中大部分的有机物进行回收，再对降浓后的有机物采用其他技术进行处理。如油气回收过程，自油气收集系统收集来的油气，经油气凝液罐排除冷凝液后（可采用多级冷凝）进入油气回收装置，经冷凝回收的汽油进入回收汽油收集储罐,尾气通过活性炭吸附后达标排放,活性炭吸附饱和后的脱附油气经真空泵抽吸送入冷凝器入口进行循环冷凝。在有些情况下,虽然废气中 VOCs 的浓度很高,但并无回收价值或回收成本太高,直接燃烧法显得更加适用,如炼油厂尾气的处理等。

对于低浓度的 VOCs(通常为小于 1 000 mg/m³),目前有很多的治理技术可以选择,如吸附浓缩后处理技术、吸收技术、生物技术等,在大多数情况下需要采用组合技术进行深度净化。吸附浓缩技术(固定床或沸石浓缩转轮吸附)近年来在低浓度 VOCs 的治理中得到了广泛应用,既可以对废气中价值较高的有机物进行冷凝回收,也可以采用催化燃烧或高温焚烧工艺进行销毁。在吸收技术中,采用有机溶剂为吸收剂的治理工艺,由于存在安全性差和吸收液处理困难等缺点,目前已较少使用。水吸收技术目前主要用于废气的前处理,如去除漆雾和大分子高沸点的有机物、去除酸碱气体等。另外,对于水溶性高的 VOCs,可采用生物滴滤法和生物洗涤法,水溶性稍低的可采用生物滤床。

对于中等浓度的 VOCs(数千 mg/m³ 范围),当无回收价值时,一般采用催化燃烧(CO/RCO)和高温燃烧(TO/TNV/RTO)技术进行治理。在该浓度范围内,催化燃烧和高温燃烧技术的安全性和经济性是较为合理的,因此这两种技术是目前应用最为广泛的治理技术。蓄热式催化燃烧(RCO)和蓄热式高温燃烧(RTO)技术近年来得到了广泛的应用,提高了催化燃烧和高温燃烧技术的经济性,使得催化燃烧和高温燃烧技术可以在更低的浓度下使用。当废气中的有机物具有回收价值时,通常选用活性炭/活性炭纤维吸附＋水蒸气/高温氮气再生＋冷凝工艺对废气中的有机物进行回收。从技术经济上进行综合考虑,如果废气中有机物的价值较高,回收具有效益,吸附回收技术也常被用于废气中较低浓度有机物的回收。对于水溶性高的 VOCs(如醇类化合物),也可采用吸收法回收溶剂,具体见图 2-1。

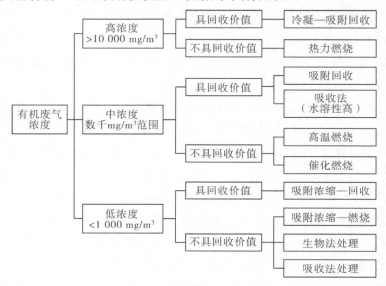

图 2-1 VOCs 治理技术适用范围(按浓度)

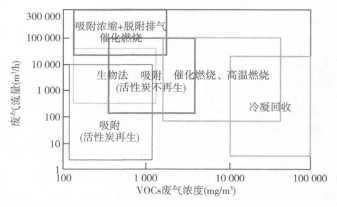

图 2-2 VOCs 治理技术适用范围(按浓度、风量)

图 2-2 直观地给出了不同治理技术所适用的有机物浓度和废气

流量的大致范围。对于废气流量,图中给出的是单套处理设备最大处理能力和比较经济的流量范围。当废气流量较大时,可以采用多套设备分开进行处理。由图可知,吸附浓缩 ＋ 脱附排气高温焚烧/催化燃烧组合技术适用于大风量低浓度 VOCs 废气的治理,生物法适用于中等风量较低浓度 VOCs 废气的治理,吸附法(更换活性炭)适用于小风量低浓度 VOCs 废气的治理,活性炭/活性炭纤维吸附溶剂回收适用于中大风量中低浓度 VOCs 废气的治理,催化燃烧、高温燃烧治理技术适用于中小风量中高浓度 VOCs 废气的治理,冷凝回收法适用于中低风量高浓度 VOCs 废气的治理。高浓度的 VOCs 废气一般都不能只靠单一的技术来进行治理,而是利用组合技术来进行有效的治理,如采用冷凝回收＋活性炭纤维吸附回收技术等。

废气温度也是考虑的因素之一,吸附法要求气体温度一般低于40 ℃,如果废气温度比较高时,吸附效果会显著降低,因此应该首先对废气进行降温处理或不采用此技术。燃烧法中当气体温度比较高,接近或达到催化剂的起燃温度时,由于不再需要对废气进行加热,即使有机物浓度较低,采用催化燃烧技术仍是最为经济的(当废气温度达到或超过催化剂的起燃温度时,可以采用直接催化燃烧技术进行治理,如漆包线生产中尾气的治理等)。

废气的湿度对某些技术的治理效果的影响非常大,如吸附回收技术活性炭、沸石和活性炭纤维在高湿度条件下(如高于 70％)对有机物的吸附效果会明显降低,因此应该首先对废气进行除湿处理或不采用此技术。[24]

3. 其他治理技术

① 光催化氧化技术。将 WO_3、CdS、ZnO、TiO_2 等光敏半导体材料在光照下将光能转化成化学能,产生的粒子与水及氧气反应后,产生具有强氧化能力的自由基,其有非常强大的废气氧化处理能力。该方法的优点是反应速率高,处理效果强,处理后的产物方便回收,反应

过程与处理有机废气的溶液关系不大。目前已被业界关注。

② 紫外光催化技术。有机废气进入装有特殊频段的高效紫外线灯管的 UV 高效光解氧化模块的反应腔后,高能 UV 紫外线光束及臭氧对有机废气进行协同分解氧化反应,使有机气体物质降解转化成低分子化合物、水和二氧化碳或者将废气中的细菌核酸破坏,杀灭废气中的大部分细菌。

③ 微波催化氧化技术。这是目前科技含量较高的处理技术,是一种集合了传统的填料吸附技术,使治理效果大大提高。微波催化氧化技术能够缩短废气的解吸与吸附时间,降低 VOCs 的治理成本。目前这种吸附技术已经能够连续使用几十次,并且多次使用后的效果都能够达到标准。

④ 活性炭纤维治理技术。此技术主要是通过活性炭纤维的加入,利用活性炭的内外表面分布的大量碳原子组成超强能力的吸附性结构。其吸附速度快、吸附的容量增大、表面积大、微孔丰富等优点,将在 VOCs 治理的过程中起到很大的作用。[23]

2.3　活性炭吸附法治理 VOCs

2.3.1　活性炭作为吸附剂的特点

吸附技术是最为经典和常用的气体净化技术,也是目前工业 VOCs 治理的主流技术之一。吸附法主要是利用某些具有吸附能力的物质如活性炭、硅胶、沸石分子筛、活性氧化铝等吸附有害成分而达到消除有害污染的目的。主要适用于低浓度气态污染物的净化,对于高浓度的有机气体,通常需要首先经过冷凝等工艺将浓度降低后再进行吸附净化。吸附法的关键技术是吸附剂、吸附设备和工艺、再生介质、后处理工艺等,本书后续章节也会对这些内容做详细介绍。

目前最为常用的吸附剂为活性炭,由于活性炭具有较大的比表面积,吸附性能较好,这就使活性炭具有较高的吸附容量,使 VOCs 得到较大的去除,同时,由于能耗低、工艺成熟、产品经济、来源广泛,因此使用活性炭作为吸附剂进行挥发性有机物治理的方法被广泛应用。

活性炭纤维治理技术也是一种近年来不断被重视的新技术,这种技术与传统的炭吸附技术相比,吸附效果更好。由于活性炭纤维的加入,内表面和外表面分布了许多碳原子,在这些碳原子的作用下该材料具有高效吸附性,实验结果证实,由于这种活性炭纤维的特殊结构,使它的吸附性能更具有优势,具有吸附速度快、吸附容量大、再生容易、表面积大、微孔丰富、含碳量高等众多优点。这些优点可以使它们在治理 VOCs 的过程中充分发挥吸附 VOCs 的作用,因此,活性炭纤维治理技术已经具有很大的优势。

使用活性炭和活性炭纤维作为吸附剂,主要具备以下优点[19]:

① 使用成本较低,且来源广泛,配套的工程技术成熟;

② 对于中低浓度的挥发性有机废气治理,具有较好的效果;

③ 如果有回收溶剂的需求,可以通过脱附冷凝回收溶剂有机物;

④ 应用方便,只与空气相接触就可以发挥作用;

⑤ 活性炭具有良好的耐酸碱和耐热性,化学稳定性较高;

⑥ 具有能耗低、工艺成熟、去除率高(可达 90% 以上)、净化彻底、易于自动化、易于推广的优点,有很好的环境和经济效益。

2.3.2 省内活性炭吸附 VOCs 应用情况

本节通过对江苏省内挥发性有机物的主要排放行业进行收集梳理,并统计了行业分类信息,详见表 2-2。

表 2-2　江苏省挥发性有机物主要排放行业分类[19]

序号	排放行业		行业分类信息[按《国民经济行业分类》(GB/T 4754—2017)]
1	炼化、化工	石化	C25 石油、煤炭及其他燃料加工业;C261 基础化学原料制造;C265 合成材料制造
		精细化工和制药	C263 农药制造;C264 涂料、油墨、颜料及类似产品制造;C265 合成材料制造;C266 专用化学产品制造;C268 日用化学产品制造;C271 化学药品原料药制造
2	涂装		C21 家具制造业;C33 金属制品业;C34 通用设备制造业;C35 专用设备制造;C36 汽车制造;C37 铁路、船舶、航空航天和其他运输设备制造业;C38 电气机械和器材制造业;C40 仪器仪表制造业;C43 金属制品、机械和设备修理业;O8111 汽车修理与维护业
3	合成革		C2925 塑料人造革、合成革制造
4	橡胶和塑料制品业		C291 橡胶制品业(重点 2911 轮胎制造、2915 日用及医用橡胶制品制造);C292 塑料制品业(重点 2922 塑料板、管、型材制造、2925 塑料人造革、合成革制造)
5	印刷和包装		C231 印刷
6	纺织印染		C171 棉纺织及印染精加工;C175 化纤织造及印染精加工
7	木业		C20 木材加工和木、竹、藤、棕、草制品业
8	制鞋		C195 制鞋业
9	化纤		C28 化学纤维制造业
10	生活服务业		H62 餐饮业;O8030 洗染服务
11	储存和运输业		G5435 危险货物道路运输
12	建筑装饰		E50 建筑装饰、装修和其他建筑业
13	电子信息		C39 计算机、通信和其他电子设备制造业

　　以上行业均涉及使用活性炭或活性炭纤维作为吸附剂来治理挥发性有机物废气,纳入统计的企业数量超过 11 000 家。根据 2021 年1—8 月份统计数据,江苏省 13 个地级市活性炭用量约为 10 258 t(其中苏州、常州、无锡、南通、南京 5 个地区位居使用量前 5 名),折合2021 年全年活性炭使用量为 15 387t/a。[19]江苏省主要经济行业废气吸附活性炭产生情况如图 2-3 所示。

　　根据有关调研结果,江苏省内吸附法净化气体污染物的装置可分为固体床、移动床、流动床、组合工艺等。

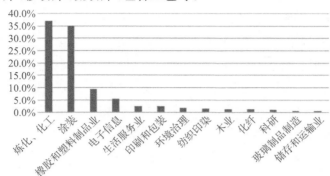

图 2-3 江苏省主要经济行业废气吸附活性炭产生情况

（1）固定床吸附

固定床方式是江苏省内使用最为普遍的一种,有立式、卧式两种形式,内设吸附层可以是单层、双层或四层。固定床床层厚度一般为1 m 左右,适用于高浓度废气的净化;其他形式的固定床床层厚度为0.5 m 左右,适用于低浓度废气的净化。空塔气速应控制适当,空塔气速过小,则处理能力低,若气速过大,则阻力损失明显增大,还可能影响吸附层气流分布,吸附效率也会下降。

对于需要保持连续生产的企业,通常设置双塔式装置,一用一备,固定床的再生方式有多种,如用清洁气体或溶剂冲洗床层、加热床层;降低系统压力进行真空脱附等;最常用方法是通入水蒸气将吸附质赶走。

（2）移动床吸附

移动床吸附器是气固两相均以恒定速度通过的设备。气体与吸附剂保持连续接触,一般采用逆流操作,亦可采用错流操作。优点是操作连续进行,处理能力大。适用于稳定、连续、量大的气体净化。缺点是吸附剂磨损大,动力消耗也大,故该种方式使用较少。

（3）流化床吸附

流化床吸附器为塔式设备，内设若干层筛板，吸附剂在筛板上呈沸腾状态，故称流化床。特点是气固两相达到充分接触，因而吸附速度快，处理能力大，特别适于连续性、大气流量的污染源治理。和固定床相比，流化床所用的吸附剂粒度较小，空塔气速也比固定床大得多（一般为 3～4 倍），但流化床装置较为复杂，吸附剂的损耗也较大。上述三种类型的活性炭吸附装置主要特点比较见表 2-3。

表 2-3　三种类型活性炭吸附装置主要特点比较[25]

类型	固定床	移动床	流化床
主要特点	1. 结构简单、制造容易、价格低廉； 2. 适用于小型、分散、间歇性的污染源治理； 3. 吸附和脱附交替进行、间歇操作； 4. 应用广泛	1. 处理气体量大，吸附剂可循环使用，适用于稳定、连续、量大的气体净化； 2. 吸附和脱附连续完成； 3. 动力和热力消耗较大，吸附剂磨损较为严重	1. 结构复杂，造价昂贵； 2. 气体和固体接触相当充分； 3. 生产能力大，适合治理连续性、大气量的污染源； 4. 吸附剂和容器的磨损严重

（4）组合工艺

随着挥发性有机物治理要求的不断提高，组合工艺越来越普及。由于污染物性质、污染物浓度、生产的具体情况、安全性净化要求、经济性等条件，需对各种控制技术进行工艺优化，采用新的组合或耦合技术，如冷凝—吸附、吸附—光催化氧化、变压吸附—深冷、吸附浓缩—燃烧技术、变压吸附—膜分离等组合工艺，进一步提高 VOCs 的去除率。在低浓度有机废气的吸附回收工艺中，通常使用固定床吸附—低压水蒸气置换再生—冷凝回收工艺。采用两个或多个固定吸附床交替进行吸附和吸附剂的再生，实现废气的连续净化。

3 活性炭吸附工艺

3.1 基本工艺流程

最基本的活性炭吸附工艺流程通常为有机废气经收集后,通过预处理系统后,进入活性炭吸附装置,经充分吸附净化后排放(见图3-1)。

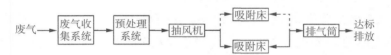

图3-1 活性炭吸附处理基本流程图[12]

当废气中有机物有回收价值时,可根据情况采用水蒸气再生、热气流再生、氮气脱附等方法,脱附后的有机气体可采用冷凝或液体吸收工艺进行回收;当废气中的有机物不宜回收时,脱附产生的有机气体通常采用燃烧工艺进行销毁。

1. 预处理

活性炭吸附处理的废气需要满足一定的条件,如废气温度、湿度、颗粒物含量、脱附的难易等,否则容易造成活性炭孔隙堵塞

图3-2 受潮的活性炭照片

或表面粘附,导致吸附性能下降或丧失(见图 3-2)。为确保吸附剂和吸附设备的正常工作,企业须保障活性炭在低颗粒物、低含水率条件下使用,制定规程定期更换活性炭。

废气中有机物浓度、温度较高时,宜先采用冷凝工艺对废气进行处理,再进行吸附;原则上废气中有机物主要成分沸点≥100 ℃或废气中颗粒物、油滴、湿度较高的,不建议直接使用活性炭吸附工艺,需要对废气进行预处理。

例如,进入吸附设备的废气颗粒物含量和温度应分别低于 1 mg/m³ 和 40 ℃,若颗粒物含量超过 1 mg/m³ 时,应先采用过滤或洗涤等方式进行预处理。

活性炭对酸性废气吸附效果较差,且酸性气体易对设备本体造成腐蚀,应先采用洗涤进行预处理。

以实际生产中某企业活性炭吸附工艺为例,主要步骤为:① 废气中大颗粒杂质清除;② 废气烘干;③ 废气的冷却;④ 废气送入活性炭吸附室(见表 3-1)。这是一个流程相对较短的活性炭吸附处理工艺。前 3 个步骤都属于预处理环节,除尘可以降低颗粒物含量,烘干可以降低水分含量,冷却降低温度。

表 3-1 活性炭吸附工艺步骤介绍[26]

步骤	具体工艺
(1) 将废气中大颗粒杂质清除	主要是将废气经过水洗塔底部进入水洗塔,由下至上运动,而喷淋水由水洗塔由上至下喷洒,保证气体和水之间逆流接触,从而实现废气中的粉尘等大颗粒物质被喷淋水吸附,吸附之后的喷淋水落于下方的回收槽中回收处理
(2) 废气烘干	将步骤(1)中处理后的废气通入烘干室,烘干室内加热装置工作,将其内部气体烘干
(3) 废气冷却	步骤(2)处理后的废气经过冷却塔底部进入冷却塔,冷却塔外壁上环绕设有冷却夹套,冷却水由上而下在夹套内循环流动降低冷却塔内温度,从而实现降低冷却塔内废气的温度
(4) 将废气送入活性炭吸附室	将步骤(3)中冷却至合适温度的废气送入活性炭吸附室内进行活性炭吸附工艺

2. 吸附装置

通常生产过程中连续稳定产生的废气可以采用固定床或转轮吸附等吸附装置;非连续性产生或浓度不稳定的废气宜采用固定床吸附装置(见图 3-3、图 3-4)。当采用固定床时,尽量选用有原位脱附功能的活性炭吸附技术(见图 3-5、图 3-6)。

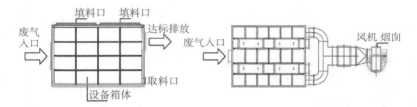

图 3-3 固定床吸附装置结构示意图

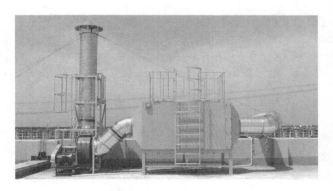

图 3-4 普通固定床活性炭吸附装置工程实拍照片

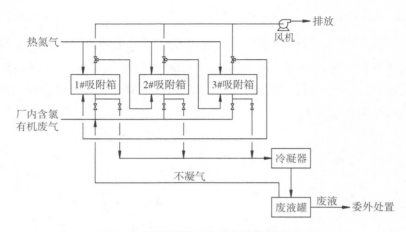

图 3-5 原位吸附—脱附再生装置示意图

图 3-6 吸附—脱附再生装置工程实拍照片

通常活性炭固定床吸附设备可分为立式与卧式两种不同的形式。

立式罐(见图 3-7)因为其结构的原因,它具有较小的截面积和较高的堆积高度,因为截面积较小,处理的风量有限,又因为堆积高度高,导致其吸附容量和压降比较大,所以主要适用于小风量高浓度的有机废气处理。立式吸附器的吸附剂床层高度一般在 0.5～2 m,吸附剂填充在栅板上。吸附剂需要再生,常通入饱和蒸汽,蒸汽穿过吸附床,脱附吸附剂上的吸附质。[27]

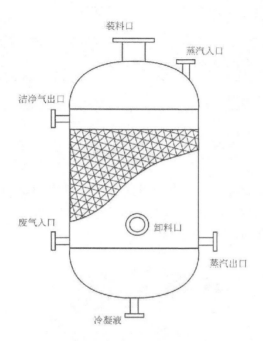

图 3-7　立式罐吸附器示意图

　　卧式固定床吸附器因为其较大的截面积和较低的装填高度,适合处理大气量、低浓度的气体。其结构如图 3-8 所示。卧式吸附器为一水平放置的圆柱形装置,吸附剂装填高度在 0.5～1.0 m,废气一般从下部进入,穿过吸附剂床层,从上部排出。卧式固定床吸附器的优点是处理的气量大、压降小,缺点是床层截面积大,易造成气体分布不均匀,导致沟流,吸附效率和吸附容量低,一般需要特别注意气流均布问题,如尽可能地保证吸附剂床层的堆积密度和堆积高度一致、设置气流分布器等。

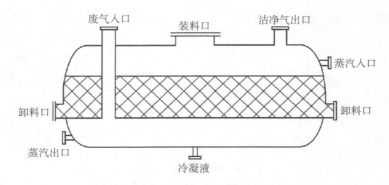

图 3-8 卧式罐吸附器示意图

目前市场上,使用最多的是卧式活性炭箱(见图 3-9),箱体一般不用圆柱形而采用方形结构,这样方便安装蜂窝活性炭,同时设置有抽屉,更换滤料更加方便。[27]

图 3-9 卧式活性炭箱照片

考虑到固定床吸附装置在实际工作中较为常见,本节对转轮吸附系统进行重点介绍。转轮吸附系统主要由吸附 VOCs 转芯(蜂窝状块体)、气体过滤装置、转动装置、风机等组成。吸附 VOCs 转芯是其核心部分。转芯可由分隔板分为三个区域:吸附区、再生区、冷却区。为防止各区域之间串风,每个区域使用分隔板隔开,分隔板使用的是耐高温、耐腐蚀的橡胶密封材料。转芯在马达的驱动下以一定的转速运行。[28]

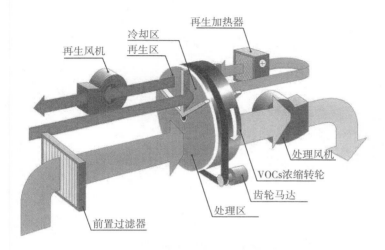

图 3-10 VOCs 浓缩转轮原理示意图

　　被 VOCs 污染的空气经过滤后由风机送至吸附转轮的吸附区,如图 3-10 所示,吸附剂转子由马达经过皮带带动,以一定的速度缓慢转动,低浓度的有机气体由风机送至转轮吸附剂,通过吸附剂的蜂窝孔得到净化,净化后的气体从蜂窝孔另一端排出。随着吸附不断进行,转轮吸附剂中吸附接近饱和的部分转入再生区,被从反方向吹扫的热空气脱附解吸,脱附下来的 VOCs 被收集起来进行集中处理,转轮吸附剂被再生的部分进入冷却区经过冷却降温后,转入吸附区再次进行吸附操作。转轮吸附剂经历着吸附—脱附—冷却的重复过程。一般再生空气的风量小于处理风量,这样再生出口的 VOCs 浓度被浓缩,因此该方法也称为 VOCs 浓缩技术。[28]见图 3-11 和图 3-12。

　　转轮吸附具有运行稳定、结构紧凑、单位床层阻力小及占地面积小等优点,已在印刷、集成电路、塑料加工、喷漆生产线等会产生低

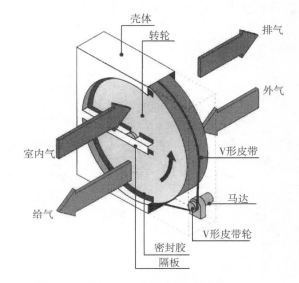

图 3-11 转芯内部构造图

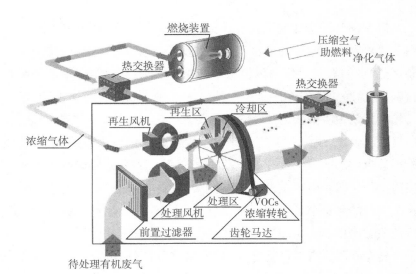

图 3-12 VOCs转轮吸附系统示意图

浓度大风量有机废气的生产中使用。[28]

　　吸附转轮用到的蜂窝结构吸附剂制备方法主要有涂覆式、沉浸式和成型式 3 种,使用的吸附材料主要有活性炭、活性炭纤维和沸石分子筛 3 种。

　　活性炭孔穴丰富,比表面积大,具有较好的广谱适用性,相比沸石分子筛,它的吸附容量要大,是目前使用最广泛的吸附剂。不过,湿度对其吸附性能有较大影响,当废气中有大量水蒸气时,吸附性能会大幅降低。而且,由于解吸时温度较高,存在易燃等安全隐患。

　　与颗粒和粉末活性炭相比,活性炭纤维具有很高的抗拉强度和弹性,因而可以加工成布、织物、纸、毡等多种形式。活性炭纤维可直接成型为蜂窝状,制作成吸附转轮。不仅如此,活性炭纤维有很高的比表面积,其 BET 比表面积可达 1 000~2 000m²,且孔径分布窄、均匀,并以微孔为主,其吸附量大,吸附快,再生容易,具有优异的吸、脱附性能。

　　沸石分子筛阻燃性好,可耐受高温。使用疏水性高硅分子筛,在相对湿度(RH)>60%的废气工况下依然有良好的吸附性能,虽然成本比活性炭高,但是易于解吸,可循环使用,更加环保。[28]沸石转轮吸附+RTO 催化燃烧+活性炭吸附装置实景见图 3-13。

图 3-13　沸石转轮吸附+RTO 催化燃烧+活性炭吸附装置实拍照片

3.2 一般工艺要求

合格的吸附设备应满足以下几个基本要求[25]：

① 具有足够的过气断面和停留时间；

② 良好的气流分布；

③ 预先除去入口气体中污染吸附剂的杂质；

④ 能够有效地控制和调节吸附操作温度；

⑤ 易于更换吸附剂。

针对活性炭吸附装置使用中普遍存在的问题，如设计风量与处理废气不匹配、设备结构不合理、活性炭质量以次充好、吸附装置吸附层的气体流速不满足标准等，为此，本书根据国家、各省市相关的标准规范，对活性炭吸附装置的治理效果产生影响的关键参数的明确要求进行了梳理。

（1）设计风量

涉 VOCs 排放工序应在密闭空间中操作或采用全密闭集气罩收集，无法密闭采用局部集气罩的，应根据废气排放特点合理选择收集点位，按《排风罩的分类和技术条件》（GB/T 16758）规定，设置能有效收集废气的集气罩，距集气罩开口面最远处的 VOCs 无组织排放位置，控制风速不低于 0.3 m/s。[18]

活性炭吸附装置风机应满足依据车间集气罩形状、大小数量及控制风速等测算的风量所需，达不到要求的通过更换大功率风机、增设烟道风机、增加垂帘等方式进行改造。[18]

（2）气体流速

吸附装置吸附层的气体流速应根据吸附剂的形态确定。采用颗粒活性炭时，气体流速宜低于 0.6 m/s，装填厚度不得低于 0.4 m。活性炭应装填齐整，避免气流短路；采用活性炭纤维时，气体流速宜低于

0.15 m/s;采用蜂窝活性炭时,气体流速宜低于1.20 m/s。[18]

（3）活性炭填充量以及更换周期

采用一次性颗粒状活性炭处理VOCs废气,年活性炭使用量不应低于VOCs产生量的5倍,即1 t VOCs产生量,需5 t活性炭用于吸附。活性炭更换周期一般不应超过累计运行500 h或3个月[18]。实际工作中,填充量、更换周期根据企业实际情况具体确定。表3-2给出了不同情况下活性炭最少装填量参考情况。

表3-2 气体收集参数和活性炭最少装填量参考表[29]

序号	风量(Q)范围/(Nm³/h)	VOCs初始浓度范围/(mg/Nm³)	活性炭最少装填量/吨(按500 h使用时间计)
1	Q<5 000	0~200	0.5
2		200~300	2
3		300~400	3
4		400~500	4
5	5 000≤Q<10 000	0~200	1
6		200~300	3
7		300~400	5
8		400~500	7
9	10 000≤Q<20 000	0~200	1.5
10		200~300	4
11		300~400	7
12		400~500	10

注:1. 风量超过20 000 Nm³/h的活性炭最少装填量可参照本表进行估算。

2. 如以NMHC指标表征,VOCs浓度:NMHC浓度可参照按2:1进行估算。

活性炭更换周期计算公式:

$$T = m \times s \div (c \times 10^{-6} \times Q \times t) \qquad (3\text{-}1)$$

式中：

    T——更换周期，天；

    m——活性炭的用量，kg；

    s——动态吸附量，%（一般取值 10%）；

    c——活性炭削减的 VOCs 浓度，mg/m³；

    Q——风量，m³/h；

    t——运行时间，h/d。

【例题】　某排污企业有机废气污染物浓度为 150 mg/m³，风量为 5 万 m³/h，按一天工作时长 15 h 计，活性炭的平衡保持量取 30%，求 1 t 活性炭达到饱和的时间。

则 $T = 1\ 000 \times 0.3 \div (150 \times 10^{-6} \times 50\ 000 \times 15) = 2.67$ d，也就是 1 t 的活性炭在上述条件下，2.67 d 就达到饱和了。

活性炭对不同的有机气体其吸附能力是不同的，参考《工业通风（第四版）》（孙一坚、沈恒根主编）给出表 3-3。

表 3-3　不同废气污染物的活性炭的平衡保持量

污染气体	20 ℃，101.3 kPa 时的平衡保持量（%）
乙醛	7
乙基醋酸	19
己烷	16
甲苯	29
苯	23

在江苏省活性炭专项行动中，有机废气动态吸附量从保守角度考虑，统一按 10% 取值。计算示例见表 3-4，后四组分别对第一组数据的活性炭用量、活性炭削减 VOCs 浓度、风量、运行时间进行改变，得出不同的更换周期。

表 3-4   不同条件下活性炭更换周期计算案例[30]

序号	活性炭用量 (kg)	动态吸附量 (%)	活性炭削减 VOCs 浓度 (mg/m³)	风量 (m³/h)	运行时间 (h/d)	更换周期 (d)
1	650	10%	120	250	24	90
2	850	10%	120	250	24	118
3	650	10%	90	250	24	120
4	650	10%	120	350	24	64
5	650	10%	120	250	12	181

（4）设备质量

首先要求活性炭吸附环保设备制造商应具备专业设计能力，设施完备的生产车间、装配车间等硬件设施，完善的管理制度及规范，必要的检验、试验设备，且能独立完成产品的出厂试验。

活性炭吸附设备应按照经规定程序批准的图纸和技术文件加工制造，设备便于安装、保养与维护。

卧式活性炭罐、箱式活性炭罐内部结构应设计合理（详见图 3-14和图 3-15），气体流通顺畅、无短路、无死角。活性炭吸附装置的门、焊缝、管道连接处等均应严密，不得漏气。[18]

金属材质装置外壳应采用不锈钢或防腐处理，表面光洁不得有锈蚀、毛刺、凹凸不平等缺陷。[18]漆层应均匀、平滑、色泽一致、附着力强、无皱皮、脱皮、漏漆、流痕、气泡等缺陷。[31]

所有螺栓、螺母均应经过表面处理，连接牢固；部件铆接面贴合紧密、牢固，铆点均匀；焊接件焊点应平整均匀，不得有焊穿、裂纹、脱焊、漏焊等；处理装置的固定支架或类似装置应用不易变形的金属材料制成且具有稳定的结构强度。[31]

排放风机宜安装在吸附装置后端，使装置形成负压，尽量保证无污染气体泄漏到设备箱罐体外。[18]

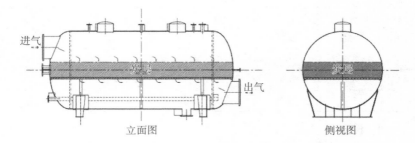

立面图   侧视图

图 3-14　一般卧式活性炭吸附罐内部结构示意图[18]

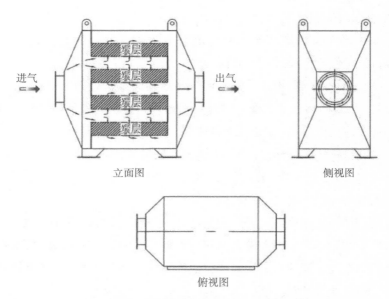

立面图   侧视图

俯视图

图 3-15　一般箱式活性炭吸附箱内部结构示意图[18]

3.3 常见工艺技术要点

2020 年 8 月,石家庄生态环境局会同河北科技大学起草编制了《石家庄市涉 VOCs 企业活性炭吸附脱附技术指南》,指导地方企业规范整改。考虑到实际应用范围的广泛性,本书选取该指南中部分技术要点以供参考。

1. 过滤+活性炭吸附工艺

(1) 性能要求

① 活性炭过滤箱结构设计合理,不得让未经过滤的气体进入后续工艺流程;多层过滤材料应按照过滤等级高低随气体流动方向由低到高布置,各层过滤材料应间隔一定距离布置,最后一级应选用高于 F7 等级过滤材料,过滤后尾气中颗粒物含量$<1 \, mg/m^3$。过滤箱应有压差计,压力过大时及时更换并记录。

② 活性炭填充量与每小时处理废气量体积之比应不小于 1:5 000,每 1 万 Nm^3/h 废气处理蜂窝活性炭吸附截面积不小于 2.3 m^2,颗粒活性炭吸附截面积不小于 4.6 m^2。

③ 颗粒活性炭最好选择柱状活性炭,直径$\leqslant 5 \, mm$,比表面积$\geqslant 1 \, 200 \, m^2/g$ 或碘值$\geqslant 800 \, mg/g$;蜂窝活性炭的横向强度应不低于 0.3 MPa,纵向强度应不低于 0.8 MPa,比表面积$\geqslant 750 \, m^2/g$ 或碘值$\geqslant 800 \, mg/g$。

④ 活性炭吸附设备设置装卸炭孔,内置均风装置,箱内气速控制$<1.2 \, m/s$,整体压降$\leqslant 2.5 \, kPa$,活性炭吸附设备配置的吸附进出口阀门泄漏量$<1\%$。外壳厚度$\geqslant 1 \, mm$,考虑热胀冷缩变形应设置合理补偿;设备应加装消防、防爆及安全监测仪器和连锁控制系统。

(2) 安全要求

当吸附装置内温度超过 70 ℃时,装置自动报警,并立即启动降温装置。消防及安全疏散设计应按照 GB 50140 及 GB 50016 的规定要求进行设计。同时设备安全性能应满足相关国家、地方及行业安全技术规范。

2. 过滤＋活性炭吸附＋再生脱附工艺

（1）性能要求

① 过滤预处理设施结构设计合理，不得让未经过滤的气体进入后续工艺流程；多层过滤材料应按照过滤等级高低随气体流动方向由低到高布置，滤材应间隔一定距离布放，最后一级应选用高于 F7 等级过滤材料，过滤后尾气中颗粒物含量＜1 mg/m³。

② 活性炭吸附材料填充量与处理气量之比应不小于 1：5 000，单个吸附箱吸附材料填充量应不小于 1 m³，具体结合实际风量核算。

③ 颗粒活性炭最好选择柱状活性炭，直径≤5 mm，比表面积≥1 200 m²/g 或碘值≥800 mg/g；蜂窝活性炭的横向强度应不低于 0.3 MPa，纵向强度应不低于 0.8 MPa，比表面积≥750 m²/g 或碘值≥800 mg/g。

④ 再生管道应做保温处理，保温厚度≥80 mm，材质：硅酸铝纤维，密度≥180 kg/m³，管道表面温度≤60 ℃，设置高温危险警示标识；脱附进出口管道总长度宜≤60 m，弯头数量宜≤6 个；活性炭吸附设备应做好保温层，保温层厚度≥50 mm，材质：硅酸铝纤维，设备表面温度≤60 ℃；活性炭吸附设备设置装卸炭孔，内置均风装置，箱内风速应控制＜1.2 m/s，整体压降≤2.5 kPa，活性炭吸附设备配置的吸附进出口阀门泄漏量＜1％。活性炭吸附设备内胆壁厚＞3.5 mm，设备满焊无泄漏，保温外壳厚度≥1 mm，考虑热胀冷缩变形应设置合理补偿；设备加装安全监测仪器和连锁控制系统。

（2）安全要求

活性炭脱附后气流中有机物的浓度应严格控制在其爆炸极限下限的 25％以下。对于活性炭吸附剂，脱附气流温度应控制在＜120 ℃

范围之内;在吸附操作周期内,吸附废气后吸附床内的温度应<50℃;当吸附装置内温度超过 70 ℃时,应自动报警,并立即启动降温措施。消防及安全疏散设计应按照 GB 50140 及 GB 50016 的规定要求进行设计。

3. 过滤+活性炭吸附+催化氧化工艺

(1)基本要求

① 前置过滤装置可有效过滤生产过程中的颗粒物,颗粒物含量<1 mg/m³,同时过滤材料方便更换或者清洗。

② 活性炭吸附设备箱体应选用抗腐蚀材料或按照 GB 50727 进行防腐处理和验收。

③ 催化燃烧设备提供活性炭脱附的热空气,燃烧室应选用防腐、耐高温材料。

④ 催化燃烧设备应设置必要的防爆孔,保证设备安全运行。

⑤ 催化燃烧设备应具有保温措施,保证设备表面温度不高于60 ℃。

⑥ 催化燃烧设备应具有换热功能,换热效率不低于 50%。

⑦ 催化剂应有质检部门出具的合格证明,并满足:

a. 使用温度为 200~700 ℃,并能承受 900 ℃短期高温冲击。

b. 空速大于 10 000 /h,但不应高于 40 000 /h。

c. 正常工况下,催化剂使用寿命应在 8 500 h 以上。

d. 负载率不低于 3‰。

(2)性能要求

① 前置过滤箱结构设计合理,不得让未经过滤的气体进入后续工艺流程;多层过滤材料应按照过滤等级高低随气体流动方向由低到高布置,各层过滤材料应间隔一定距离布放,最后一级应选用高于 F7 等级过滤材料,过滤后尾气中颗粒物含量<1 mg/m³。

② 活性炭吸附装置的活性炭材料填充量与每小时处理废气量体

积之比应不小于 1 : 5 000,每 1 万 Nm^3/h 废气处理蜂窝活性炭吸附截面积不小于 2.3 m^2,颗粒活性炭吸附截面积不小于 4.6 m^2。活性炭应装填齐整,避免气流短路。

③ 颗粒活性炭最好选择柱状活性炭,直径≤5 mm,比表面积≥1 200 m^2/g 或碘值≥800 mg/g;蜂窝活性炭的横向强度应不低于 0.3 MPa,纵向强度应不低于 0.8 MPa,比表面积≥750 m^2/g 或碘值≥800 mg/g。

④ 脱附管道应配置保温结构,保温厚度≥80 mm,材质:硅酸铝纤维,密度≥180 kg/m^3,管道表面温度≤60 ℃,设置高温危险警示标识。脱附进出口管道总长度宜≤10 m,弯头数量宜≤6 个。

⑤ 活性炭吸附设备应做好保温措施,保温厚度≥50 mm;设置装卸炭孔,内置均风装置,箱内风速控制<1 m/s,整体压降≤2.5 kPa。

⑥ 活性炭吸附设备配置的阀门泄漏量<1%,控制形式:电动/气动控制,具有开度指数表,具有紧急手摇开关功能,并提供性能参数证明材料。

⑦ 活性炭吸附设备内胆厚度>3.5 mm,保温外壳厚度≥1 mm。考虑热胀冷缩变形应设置合理补偿。设备加装安全监测仪器和连锁控制系统。

⑧ 每个吸附箱设置独立的多点监测热电偶,可显示活性炭脱附时的床层平均温度。

⑨ 催化燃烧设备排气应直接连接至排气筒,其排风量应和补冷风量相匹配,补冷风机风压和脱附风机风压相吻合,不应使用轴流风机。

⑩ 催化氧化装置的预热温度宜在 220~350 ℃,不得超过 450 ℃。设计工况下蓄热式催化燃烧装置中蓄热体的使用寿命应大于 24 000 h;催化氧化进入氧化室的气体温度应达到气体各组分在催化剂上的起燃温度,催化氧化室温度按照混合气体中起燃温度最高的组分确定。

⑪ 催化燃烧设备电加热棒线缆须用耐高温线缆,并设置金属软管保护,不得进入催化燃烧室,不得接触废气。

⑫ 电器控制箱应符合电控箱设计 GB 50058 的要求,可独立显示每个活性炭脱附箱和催化燃烧室温度,具备报警功能。

(3)安全要求

活性炭脱附后气流中有机物的浓度应严格控制在其爆炸极限下限的 25% 以下。催化燃烧设备应设置在距离安全区 30 m 之外。对于活性炭吸附剂,脱附气流温度应控制在<120 ℃范围之内,脱附温度采取阶段式升温,避免脱附尾气浓度发生大幅度波动;在吸附操作周期内,吸附废气后吸附床内的温度应低于 50 ℃。当吸附装置内温度超过 70 ℃时,应能自动报警,并立即启动降温装置。燃烧装置应始终按设计温度运行(或略低于设计温度),并安装燃烧温度连续监控系统。燃烧装置进气管道应安装阻火器(防火阀),并提供质量证明文件。设备与控制柜之间的连接线必须有金属软管保护。室外处理装置应安装符合《建筑物防雷设计规范》(GB 50057)规定的避雷装置,消防及安全疏散设计应按照 GB 50140 及 GB 50016 的规定要求进行设计。

4. 注意事项

在废气活性炭吸附工艺设计时应关注以下几个方面:

① 苯乙烯、丙烯酸、丙烯酸乙酯、丙烯酸丁酯、丙烯酸异乙酯、丙烯酸异癸酯、丙烯酸-2-乙基乙酸、甲基丙烯酸甲酯、二异氰酸甲苯酯、部分醛类、丙酸、丁酸、戊酸、二丁胺、二乙烯三胺、甲基乙基吡啶、皮考啉、三亚乙基四胺、苯酚及酚类、醛酮类有机物及含硫、胺类的有机物、丙烯酸树脂类(UV 漆主要成分)、硅烷、油脂类化合物、粉尘类、油烟类。

以上成分是易聚合、高沸点难脱附的,活性炭容易出现堵塞中毒失效现象,如废气成分中含有以上成分,要注意浓度及含量,慎重考虑浓度含量再定处理工艺。

② 环乙酮、甲乙酮、戊酮及其他酮类,苯酚及酚类、丙烯腈、油脂类、醇类化合物。(特别注意环乙酮、甲乙酮、戊酮)以上成分热敏性高,温度稍高时(再生)易发生缩聚反应,温度会急剧上升,发生活性炭燃烧事故。或者活性炭中灰(金属氧化物)的催化活性都有可能与油脂类、醇类化合物发生催化反应,造成局部发热,发生炭层着火问题。

③ 废气成分中含有氯、硫、磷、铅、硅、汞等重金属元素或者油脂类化合物、粉尘及水汽。以上成分会使催化炉内贵金属催化剂中毒或者被覆盖,导致催化剂永久性失活或短暂性失活。

④ 不适合处理汽油、烷烃类等易燃易爆气体、高沸点及低沸点废气(适合处理沸点在 60 ℃到 150 ℃的 VOCs 废气)。

⑤ 进入吸附装置的有机废气中有机物的浓度应低于其爆炸极限的 25%,活性炭吸附浓缩适合处理废气的浓度范围为 60 mg/m³ 到 500 mg/m³ 的低浓度废气,进入吸附装置的废气温度宜低于 40 ℃,颗粒物含量宜低于 10 mg/m³。废气不能含水雾和水汽,相对湿度不宜高于 90%。

⑥ 不适合处理无机类废气,例如氨气类、酸碱类。

⑦ 不适合处理油烟类、粉尘类,特别是含铝粉、镁粉等涉爆粉尘或烟尘。

⑧ 不适合行业:化工行业(高浓度)、塑料造粒行业(油脂类太多,因为高温裂变,产生的油脂类成分复杂,燃点又低,容易和活性炭发生催化反应,导致剧烈升温而发生火灾)、医药行业(成分复杂且含有催化剂中毒元素)。

⑨ 脱附温度根据废气成分灵活设定,以确保安全为准则。例如,三苯类、乙酸乙酯类脱附温度可以调定在 90～110 ℃;废气成分含有微量酮类、油脂类,建议脱附温度在 70 ℃左右,定期脱附,防止脱附浓度过高而发生危险。[32]

3.4　具体案例介绍

本节结合相关的活性炭处理工艺,介绍具体应用案例。

【案例1】　活性炭吸附脱附案

湖北某原料药生产企业,生产过程中产生含二氯甲烷、三氯甲烷废气,单独收集后进行活性炭吸附脱附回收溶剂,采用水蒸气脱附,三床交替、连续运行。如图 3-16 所示。

含二氯、三氯的废气集中收集后直接进入 1♯ 活性炭罐进行吸附,吸附后废气并入药厂废气总管线做后续处理;当 1♯ 活性炭罐吸附饱和后,含氯废气进入 2♯ 活性炭罐继续吸附,同时通过 110 ℃ 水蒸气对 1♯ 活性炭罐进行脱附,脱附下来的废气经过冷凝变为废液,进入污水处理站生化处理;此时,3♯ 活性炭罐处于待轮转状态,如此交替运行。

设计参数:

废气量:20 000 m³/h

产生浓度:1 000～5 000 mg/m³ 波动

工艺路线:

通过管道单独收集含氯废气,接入水洗塔经过除雾器并升温除湿后进入活性炭箱内进行吸附,吸附饱和后用 120 ℃ 热蒸汽再生,之后通过换热器用 7 ℃ 冷水作为换热介质,冷凝脱附气体,并通过油水分离器回收含氯溶剂,废水排放至污水站。

含氯废气的材质选择为碳钢衬氟,脱附的热空气热源来源于焚烧炉热风,活性炭选用碘值在 1 200 mg/g 以上的优质柱状椰壳炭,活性炭用量满足吸附储存时间要求,可以长期使用,并且活性炭箱设计为抽屉式,更换便捷。

图 3-16　案例 1 工程现场照片

【案例2】　UV 光氧＋三级活性炭吸附组合工艺案

江苏某油墨生产企业有机废气治理工艺流程如图 3-17 所示。

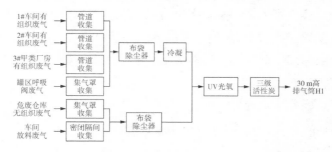

图 3-17　某企业有机废气治理工艺流程图

布袋除尘器(无组织废气)

布袋除尘器＋冷凝(有组织废气)

UV 光氧

三级活性炭

图 3-18 案例 2 工程现场照片

该企业对有组织废气采取的布袋除尘和冷凝措施,以及对无组织废气采用的布袋除尘措施都属于常规的预处理环节,以保证后续的活性炭吸附净化效率。2016—2019 年,很多企业为了提高有机废气的去除效率,在活性炭吸附工艺之前选择增加 UV 光氧催化设备。近年来,臭氧超标的问题日益严重,而 UV 光氧在分解废气分子环的同时会产生大量的臭氧,因而各地陆续取消或者禁止使用 UV 光氧催化。

为达到更好的处理效果和更高的废气去除率,通常选择两级活性炭吸附箱串联的方式,该企业为确保稳定达标,采用了三级活性炭吸附的方式。从该企业的验收监测数据可知,整套预处理＋UV 光氧催化＋三级活性炭吸附处理工艺对非甲烷总烃的去除率在 92.18%～97.16%,能够实现稳定达标。如图 3-18 所示。

【案例 3】 活性炭吸附催化燃烧处理工艺案

VOCs 催化燃烧系统的工艺思路是通过主风机将车间所生产的有机废气抽到设备的吸附床并吸附,等吸附到一定浓度或一定时间后再进行脱附处理,再将吸附床吸附的有机废气进行高温燃烧,以达到净化废气的目的。其有机废气处理工艺流程如图 3-19 所示。

某轮胎生产企业车间内的有机废气经负压吸风收集后直接引入喷淋塔＋静电除油＋干式过滤＋活性炭吸附浓缩催化燃烧装置＋后

置活性炭箱对废气进行净化处理,经净化处理后的尾气由排气筒排放。如图 3-20 所示。

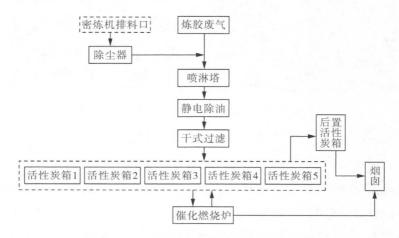

图 3-19　某企业有机废气处理工艺流程图

　　喷淋洗涤塔是利用酸碱中和的原理,气体与液体的逆流接触,气流中的微粒状污染物与酸(碱)的洗涤液进行接触后,液滴膜扩散于气流中的粒子上,来增湿于粒子,使粒子借助重力、惯性力达到分离除尘的目的,气体污染物则随液体的扩散中和达到净化有害气体的作用。

　　为了确保活性炭的吸附效果,通常在废气进入活性炭吸附箱前采用过滤器将粉尘及黏性物质去除,本工程干式过滤采用 4 级处理,用于捕捉废气中的粉尘和油雾。

　　简而言之,喷淋洗涤、静电除油和干式过滤环节都属于活性炭吸附之前的预处理,防止粉尘和油雾直接进入吸附箱,避免堵塞吸附材料的毛细孔,降低吸附性能。预处理后的废气进入装有蜂窝状活性炭的活性炭吸附箱,与蜂窝状活性炭(见图 3-21)充分接触,利用活性炭对有机物质的强吸附性将气体净化,实现达标排放。吸附箱经过一段时间的运行后会接近吸附饱和,此时开启脱附再生系统,对活性炭进行脱附再生,脱附出来的气体通过催化燃烧装置燃烧生成二氧化碳、水等无害物质,并产生部分热量。

喷淋塔＋静电除油＋干式过滤＋活性炭吸附浓缩催化燃烧装置＋后置活性炭箱

图 3-20　案例 3 工程现场照片

图 3-21　蜂窝状活性炭照片

活性炭吸附浓缩催化燃烧工艺流程如图 3-22 所示。

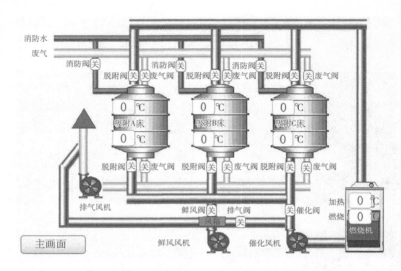

图 3-22　活性炭吸附浓缩催化燃烧工艺流程

吸附箱前后各装有1只吸附阀、1只脱附阀,吸附管路与脱附管路并联接入箱体。根据电控程序(时间)控制两端阀门开闭将活性炭箱独立,以实现用催化燃烧产生热空气对活性炭箱逐一单独脱附。脱附分解后达标热空气部分用于循环脱附,多余部分热空气直接外排。

催化净化装置内设加热室,启动加热装置,进入内部循环,当热气源达到有机物的沸点时,有机物从活性炭内挥发出来,进入催化室进行催化分解成水和二氧化碳,同时释放出能量。利用释放出的能量再进入吸附箱脱附时,此时加热装置完全停止工作,有机废气在催化燃烧室内维持自燃,尾气再生,循环进行,直到有机物完全从活性炭内部分离至催化室氧化分解。活性炭得到了再生,有机物得到分解处理。

排出废气分别接入独立活性炭吸附废气处理设备,根据 PLC 程序提示吸附停机状态采用催化燃烧对饱和箱体逐一脱附解吸工艺。业主工作时间按 8 h 计,废气处理方式为连续式工作,脱附过程由PLC 程序控制。

催化燃烧装置主体结构由净化装置主机、引风机、控制系统三大部分组成。其中,净化装置包括阻火器、热交换器、催化燃烧室等,如图 3-23 所示。

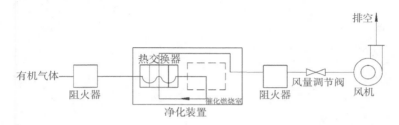

图 3-23　催化装置主体结构图

【案例 4】　活性炭纤维(ACF)吸附蒸汽解吸法案

该方法的工作原理是利用吸附剂(活性炭纤维)的多孔结构,当有机尾气通过活性炭纤维床层时,其中的有机物被炭纤维吸附、截留,从而使废气得到净化排放。当活性炭纤维吸附有机物达到饱和后,要对炭床进行脱附再生。通入饱和水蒸气加热炭床,使得有机物被吹脱释放出来,并与水蒸气形成雾状气液混合物,将此混合物冷凝为液体,通过重力分层,分离出的有机溶剂可以直接用于生产。

具体工艺流程如图 3-24 所示。

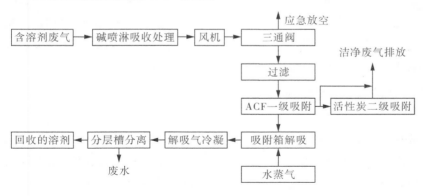

图 3-24　工艺流程图

图 3-25　案例 4 工程现场照片

（1）吸附过程

生产过程中产生的有机废气收集汇入排气总管，经过碱喷淋吸收后由防爆离心风机送风进入吸附回收系统。在吸附回收系统前端配有真空三通挡板阀，作为系统检修、系统停车等情况时应急排放口。废气经过滤后，进入吸附箱吸附净化排放。

该企业根据废气排放情况，采用一套两箱四芯的活性炭纤维吸附装置加二级活性炭吸附脱附装置。甲苯废气经活性炭纤维吸附后，废气中的有机溶剂吸附在活性炭纤维上，经过一级吸附的废气再次经过活性炭二级吸附后，净化的废气排放。

（2）脱附（解吸）过程

当活性炭纤维吸附饱和后，向吸附箱中通入饱和蒸汽进行解吸，解吸下来的含有机溶剂的气液混合物进入列管冷凝器中用循环水进行冷却。冷凝下来的甲苯水溶液经过分层槽自动分层，分离出上层的甲苯溶剂，甲苯溶剂接入中间储槽。储槽中自然挥发的气体中夹带了一定量的有机尾气,设计将这部分气体通过风机引入吸附回收装置进行循环吸附回收。

二级吸附的活性炭吸附器处理低浓度的甲苯废气,具有活性炭装填量大、解吸再生周期长的特点,约 10 天自动解吸再生一次,使用再生成本低。活性炭二级吸附前端配有三通阀,可以自动切换为一级吸附或二级吸附,自动调整。

整个过程由 PLC 程序自动控制,自动切换,交替进行一级吸附、二级吸附、解吸、降温四个工艺过程的操作。

(3) 间歇过程

对于活性炭纤维吸附装置,由于每次解吸结束后活性炭上还残留有大量的水分,这些水分不仅占据大部分活性炭微孔,而且严重影响活性炭对有机分子的吸附效率,导致平衡饱和吸附量下降。

另外,经过再生(解吸)后炭层温度一般在 100 ℃以上,严重影响活性炭的吸附效率。因此系统增加吸附床层降温工艺,确保下一个周期吸附有机废气时,吸附床层温度能降至 40 ℃以下,以利于活性炭纤维的吸附效果。

解吸工艺之后,吸附后排出的回气进入降温的吸附箱,经过列管换热器降温,气、水分离,回气接到风机前进入吸附箱再次吸附后排气,形成回气、换热、吸附的一个降温的气体循环气路。

二级吸附由手动开启,运行时间可自行设定,当运行时间到达设定时间后会自动进入二级解吸和二级间歇工艺。

以上过程均由 PLC 控制,自动切换,交替进行吸附、解吸、间歇工艺过程。

该套废气处理系统设备配置为两箱四芯二级吸附,主体材质为 304 不锈钢。主要设备明细见表 3-5。

表 3-5 某企业废气处理系统设备明细

序号	设备名称	规格	材质	数量
1	防爆主风机	8 000 m³/h,5 000 Pa	碳钢18.5kW	1 台
2	PP 喷淋塔(含防爆循环水泵)	DN1 200×6 000	PP 米黄板	1 台
3	气动三通阀(含 DN63 亚德客气缸)	DN500	304 不锈钢	2 台
4	进气除雾过滤器	1 200×1 200×1 000	304 不锈钢	1 台
5	进气挡板阀(含 DN63 亚德客气缸)	DN500	304 不锈钢	2 台
6	上挡板主支架(含 DN100 亚德客气缸)		304 不锈钢	3 台
7	气动双作用解吸蝶阀	DN150	全衬四氟密封	4 只
8	气动单作用蒸汽球阀	DN50	全衬四氟密封	3 只
9	吸附箱	2 300×1 500×3 000	304 不锈钢	3 台
10	吸附芯	φ650×2 300	304 不锈钢	8 只
11	活性炭吸附芯	φ850×2 400	304 不锈钢	4 只
12	活性炭纤维	1 600T	C	360 kg
13	活性炭	CCL4 100	C	2 t
14	列管冷凝器	F40 m²	304 不锈钢	1 套
15	板式冷凝器	F3 m²	304 不锈钢	1 套
16	气液分离器	φ400×400	304 不锈钢	1 套
17	分层槽	0.43 m³	304 不锈钢	1 台
18	中间储槽	0.43 m³	304 不锈钢	1 台
19	防爆磁力泵	1.1 kW	304 不锈钢	1 台
20	电器控制系统	西门子 PLC、威纶通 10 英寸触摸屏、施耐德变频器、正泰低压电器、防爆热电阻等		1 套
21	气动控制系统	亚德客电磁阀		1 套

序号	设备名称	规格	材质	数量
22	桥架管线		304 不锈钢(桥架)、PU 管(管道)	1 套
23	架台		碳钢	1 套
24	工艺配管		304 不锈钢/碳钢	1 套
25	其他配阀	蒸汽截止阀、减压阀、调节阀、排水阀等	碳钢	1 套

【案例 5】 水洗＋吸附脱附自动解吸＋冷凝系统工艺案

该工艺采用活性炭吸附剂先吸附浓缩有机废气,净化后的废气排放,浓缩的有机物经热脱附后再经冷凝回收。该装置吸附及溶剂回收率高、安全性好、脱附系统安全稳定,如图 3-26 所示。

① 自动吸附/解吸装置,该装置为二级吸附,可串联也可并联;当其中一塔吸附饱和时进入脱附状态,启用备用塔作为吸附塔;始终为在上一循环时解吸完毕的吸附装置,吸附完毕后用蒸汽进行吹扫,经冷凝后溶剂回收用于生产工艺。装置系统设计有运行参数优化程序,降低蒸汽和用电耗量,大大降低了废气处理和运行成本,确保废气达标排放,同时脱附回收的溶剂能利用,具有显著的经济效益和环境效益。

② 系统安全设施完备,配备专用的 PLC 控制系统与各处理节点温度、压力、VOCs 浓度检测连锁保护,严格控制活性炭层的吸附、脱附温度、吸附罐压力,设有阻火器、感温棒、防爆口、泄压阀、报警器,确保吸附和脱附的 VOCs 浓度控制在爆炸限值以下,一旦"超温"或"超压",即开启氮气保护或安全泄压等保护措施。系统配套可操作触摸屏,一键切换自动或手动,实现自动化运行化学洗涤—吸附—脱附—冷凝处理过程。

③ 脱附采用"循环风"系统,与活性炭层温度联动,自动化控制系统开启,带走部分吸附热的同时,对废气进行多次循环吸附,避免高浓度情况下炭层局部吸附量大而产生吸附热,出现床层温度升高、吸附

效率下降的情况,提高吸附效率及装置的安全稳定性,节省系统资源;通过系统循环回流处理,避免排气筒出现"白汽"并保持系统风压平衡,进一步提升废气处理效果及回收效率,实现良性循环。兼具环境效益及经济效益。

水洗+吸附脱附自动解吸+冷凝系统工艺装置(102 车间)

图 3-26　案例 5 工程现场照片

该系统装置于 2018 年 9 月在杭州中美华东制药有限公司 102 车间莫匹罗星提炼(制药)废气项目中得到工程应用,该废气项目风量为 15 000 m³/h,污染源主要为真空废气、储罐废气等,主要污染因子为丙酮、乙酸乙酯、正庚烷等。

处理工艺:VOCs 废气先通过吸收塔喷淋洗涤,去除有机废气中 HCl 等溶于水的物质,经预处理后的废气经表冷器降低废气中相对湿度后,进入活性炭吸附罐(内装颗粒活性炭)吸附 VOCs 废气,净化后的气体由吸附罐顶部排出。系统采用水蒸气脱附,脱附蒸汽由吸附罐顶部进入,被吸附浓缩后进入冷凝器,经过冷凝,有机物和水蒸气的混合物被冷凝下来流入分层槽,通过重力沉降分离。分离后的水排放至化学污水系统,集中处理后排放。系统运行过程中所有的动作切换,均由 PLC 自动控制系统完成。

处理效果:废气经处理后,非甲烷总烃排放浓度为 $11.3 \ mg/m^3$,排放速率为 $0.12kg/h$,臭气浓度(无量纲)173,可实现年回收价值为 48.75 万元(按乙酸乙酯计),VOCs 去除率$\geq 95\%$,削减 VOCs 200 t/年。[33]

4　饱和活性炭的处理处置

活性炭易吸附饱和,饱和后的活性炭吸附性能急剧下降,因此使用一段时间后就需要更换新炭。那么更换下来的废活性炭将如何处理处置呢?

目前针对废活性炭广泛使用的处理方法有水泥窑协同处置、焚烧法、填埋法、再生法等,填埋过程存在废活性炭中吸附的有机污染物向环境二次释放的风险,这种情况的发生将污染土壤和水源,对环境产生长期性的恶劣影响;废活性炭焚烧及水泥窑协同处置,虽可利用燃烧产生的热能,但同时释放 CO_2,增加大气污染,造成了活性炭这一可再生资源的浪费。

根据活性炭自身吸附脱附再生的特点,废活性炭可通过高温再生等方式恢复其吸附能力,回用于各行各业,因此将废弃的活性炭通过再生处理后进行循环使用不仅能解决废活性炭环境污染的现实问题,同时将再生后的活性炭作为原料,按照较低价格销售给废活性炭产生单位回用,可实现资源再利用,既满足环保需求又符合资源节约的战略方向。

4.1　饱和活性炭脱附再生途径

活性炭具有较大的比表面积和吸附容量,良好的机械强度、化学稳定性及热稳定性,因此具备可反复再生的条件。

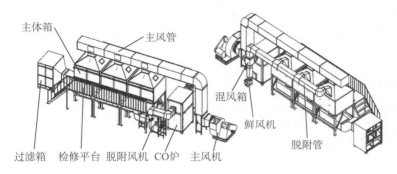

图 4-1　某企业原位脱附再生装置图

有条件的企业会选择在企业内部进行原位脱附再生,通常在活性炭吸附装置后增加 RTO 或 CO 等装置对脱附出的废气进行处理(见图 4-1 和图 4-2),企业的投资成本也会相应增加。

图 4-2　活性炭吸附脱附+催化燃烧工艺工程实景图

在企业不具备条件的情况下,可送至活性炭集中再生中心进行集中处置(见图 4-3)。这样不仅减少了企业运维成本,也便于对活性炭再生进行更好的监管。目前,我国一些省市活性炭集中再生项目建设已取得了明显进展,如浙江、山东、广东等地已开展了相关项目试点建设。其中,浙江大力推进活性炭集中处置再生中心项目建设,绍兴、湖州、台州等地已建成了活性炭集中再生中心。2021 年,浙江省生态环境厅出台了《浙江省分散吸附-集中再生活性炭法挥发性有机物治理体系建设技术指南(试行)》,积极推进分散吸附-集中再生活性炭法VOCs 治理体系建设。

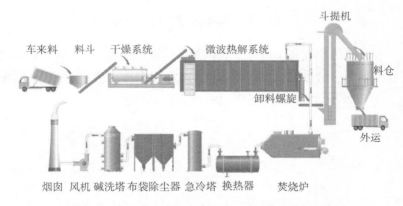

图 4-3 某活性炭集中处置再生中心工艺流程图

4.2 活性炭再生原理

不管是企业内部原位脱附再生,还是采取分散吸附-集中再生的模式处理饱和活性炭,活性炭再生的原理大致相同,即用物理或化学方法在不破坏其原有结构的前提下,去除吸附于活性炭微孔的吸附质,恢复其吸附性能。活性炭吸附过程中,对吸附质和溶剂都有吸附作用,因亲和力的不同,经过一定时间的吸附,达到吸附平衡。活性炭

再生就是要采取办法破坏这种平衡关系,其依据主要为以下几个方面:

① 改变吸附质的化学性质,降低吸附质与活性炭表面的亲和力;

② 用对吸附质亲和力强的溶剂萃取;

③ 用对活性炭亲和力比吸附质大的物质把吸附质置换出来,然后再使置换物质脱附,活性炭得到再生;

④ 用外部加热、升高温度的办法改变平衡条件;

⑤ 用降低溶剂中溶质浓度(或压力)的方法再生;

⑥ 使吸附物(有机物)分解或氧化而除去。[34]

4.3 活性炭再生方法

活性炭再生具有重要的环境效益和经济效益,本节将对近年来活性炭的再生方法进行逐一介绍,并对各种方法的优缺点进行比较。

4.3.1 热再生法

热再生法是目前工艺最成熟,工业应用最多的活性炭再生方法。通过加热对废活性炭进行处理,使活性炭吸附的有机物在高温下炭化分解,最终成为气体逸出,从而使废活性炭得到再生。热再生在除去活性炭吸附的有机物的同时,还可以除去沉积在活性炭表面的无机盐。

活性炭在热再生过程中,根据加热到不同温度时有机物的变化,一般分为干燥、高温炭化及活化三个阶段(见图 4-4)。[35]

① 干燥阶段。通过加热,使饱和炭所吸附的水分蒸发,饱和炭含水分率一般在 40%～50%,蒸发水分需要消耗再生过程中总热量的 50%。为降低成本,设定适当的干燥条件非常重要。在干燥阶段,部分低沸点有机物从活性炭孔脱附。

② 高温炭化阶段。吸附在活性炭上的挥发性物质和残留在活性

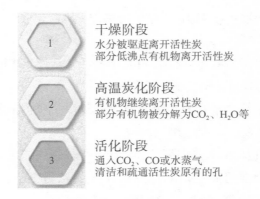

干燥阶段
水分被驱赶离开活性炭
部分低沸点有机物离开活性炭

高温炭化阶段
有机物继续离开活性炭
部分有机物被分解为CO_2、H_2O等

活化阶段
通入CO_2、CO或水蒸气
清洁和疏通活性炭原有的孔

图 4-4　活性炭热再生的三个基本阶段

炭孔隙中的高沸点有机物炭化,在 350 ℃之内,低沸点有机物便脱离;当温度继续上升至 800 ℃,高沸点的有机物吸附质被热分解,转化为小分子物质的那一部分直接脱附,剩余部分通过缩聚反应成为固定碳形态,残留在孔隙中。通常到此阶段,再生炭的吸附恢复率已达到 60%～85%。

③ 活化阶段。活化炉温度控制在 800～1 000 ℃,通过加入的水蒸气以及焙烧阶段氧化反应生成的 CO_2 等气体清理活性炭微孔,将堵塞在活性炭细孔中的有机物残炭汽化,从而使其恢复吸附性能。

热再生法的优点是再生效率高、再生时间短、对吸附质基本无选择性。但是热再生也有缺点,在热再生过程中炭损失较大,一般在 5%～10%,同时再生后的炭机械强度有所下降,吸附效率也会有所降低,多次重复再生后丧失吸附性能。另外,热再生所需设备较为复杂,运转费用较高,不易小型工业化。[36]

4.3.2　生物再生法

生物再生法是依靠在活性炭上繁殖的微生物,氧化分解所吸附的有机物,生成 CO_2 和 H_2O,从而恢复其吸附性能。

生物再生法与污水处理中的生物法相类似,也有好氧法与厌氧法之分。由于活性炭本身的孔径很小,有的只有几纳米,微生物不能进入这样的孔隙,通常认为在再生过程中会发生细胞自溶现象,即细胞酶流至胞外,而活性炭对酶有吸附作用,因此在炭表面形成酶促中心,从而促进污染物分解,达到再生的目的。

生物法简单易行,投资和运行费用较低,但所需时间较长,受水质和温度的影响很大。微生物处理污染物的针对性很强,需就特定物质专门驯化。且在降解过程中一般不能将所有的有机物彻底分解成 CO_2 和 H_2O,其中间产物仍残留在活性炭上,积累在微孔中,多次循环后再生效率会明显降低。因而限制了生物再生法的工业化应用。[36]

4.3.3　湿式氧化再生法

湿式氧化再生法是指将活性炭处于高温高压的条件下,将空气或者氧气当作氧化剂,使被活性炭吸附在表面上处于液相状态的难降解有机污染物氧化成小分子物质的过程,以达到再生活性炭的目的。[36]若在湿式氧化法的体系中加入适当催化剂,则可大幅降低活性炭上有机吸附质的分解温度,从而有效地实现低温再生,减少能耗。合适的催化剂在活性炭再生过程中起着重要作用。[37]

湿式氧化法能够有效地处理一些毒性高、难降解的物质,缺点在于使用湿式氧化法操作比较麻烦,需要配制的附属设施较多,对有毒物质一旦处理不当,可能会产生污染危害更大的中间产物。[36]

4.3.4　化学溶剂再生法

对于高浓度、低沸点的有机物吸附质,应首先考虑溶剂再生法再生。化学溶剂再生法的原理是利用活性炭、溶剂与被吸附质三者之间的相平衡关系,通过改变温度、溶剂 pH 值等条件,打破吸附平衡,将吸附质从活性炭上脱附下来,根据所用溶剂的不同可分为无机溶剂再生法和有机溶剂再生法。

① 无机溶剂再生法。即用无机酸(H_2SO_4、HCl)或碱(NaOH)等药剂使吸附质脱除,又称酸碱再生法。一方面,酸碱改变了溶液酸碱

度,目的是增大活性炭中被脱除物的溶解度,从而使吸附的物质从炭中脱出;另一方面,酸碱可直接与吸附的物质起化学反应,生成易溶于水的盐类。例如,吸附高浓度酚的炭,用氢氧化钠溶液洗涤,脱附的酚以酚钠盐形式被回收。吸附废水中重金属的炭也可用此法再生,这时再生溶剂使用 HCl 等。

② 有机溶剂萃取再生法。它是用苯、丙酮及甲醇等有机溶剂,萃取吸附在活性炭上的吸附质。例如,吸附高浓度酚的炭也可用有机溶剂再生。焦化厂煤气洗涤废水用活性炭处理后的饱和炭也可用有机溶剂再生。

采用溶剂洗脱的化学再生法,有时可从再生液中回收有用的物质,再生操作可在吸附塔内进行,活性炭损耗较小,但再生不太彻底,微孔易堵塞,影响吸附性能的恢复率,多次再生后吸附性能明显降低。[36]

4.3.5 微波辐射再生法

微波是介于红外和无线电波之间的电磁波谱,其频率在 0.3～300 GHz(波长 1 mm～1 m),用于加热技术的微波频率固定在 2 450 MHz 或 900 MHz。微波辐射再生活性炭是指在高温条件下,使有机物脱附、炭化、活化,进而恢复其吸附性能的一种新兴方法。[37]

活性炭所吸附的吸附质中大多数是强极性物质,它们比活性炭吸收微波的能力强,因此可以用热解吸的方法来再生。吸附的极性分子,由于微波辐射诱导而极化,相互碰撞、摩擦产生高热量,从而将微波能量转化为热能。被吸附的水和有机分子受热挥发和炭化,孔道重新打开,恢复吸附活性。同时,活性炭本身吸收微波而升温,因温度过高而燃烧,导致燃烧失去一部分炭,炭孔径扩大。[34]

微波再生方法沿用热再生法的原理而逐渐发展起来。其特点是加热时间短、再生效率高,同时,因为加热过程中是进行选择性加热的,所以能耗很低。通过比较真空加热再生、加热再生和微波真空加热再生 3 种不同工艺下的活性炭吸附解吸实验,以吸附容量和再生率为指标,对 3 种再生方法进行比较,得出结论:3 种工艺均对活性炭结构有所破坏,但微波真空再生后,其活性炭的净吸附容量最大,明显优于真空加热再生和加热再生后的活性炭。[37]如图4-5所示。

图4-5 济南某粉末活性炭微波再生项目照片

应用领域:

① 污水处理用活性炭:用于去除污水中有机废物及臭味的活性炭再生。

② 食品脱色用活性炭:木糖液脱色、麦芽糖浆脱色及其他产品脱色用活性炭再生。

③ 医药产品精制用活性炭:医药化工制造过程中的净化和脱色用活性炭再生。

④ 废气治理用活性炭:吸附有机废气活性炭、脱硫活性炭、触媒载体活性炭的再生。

4.3.6 超声波再生法

由于活性炭热再生需要将全部活性炭、被吸附物质及大量的水分都加热到较高的温度,有时甚至达到汽化的温度,因此能量消耗很大,且工艺设备复杂。如在活性炭的吸附表面上施加能量,使被吸附物质得到足以脱离吸附表面,重新回到溶液中去的能量,就可以达到再生活性炭的目的。超声波再生就是针对这一点而提出的,超声波再生的最大特点是只在局部施加能量,而不需将大量的水溶液和活性炭加热,因而施加的能量很小。研究表明,废活性炭经超声波再生后,再生排出液的温度仅增加 2~3 ℃。每处理 1 L 废活性炭采用功率为 50 W 的超声波发生器 120 min,相当于每立方米活性炭再生时耗电 100 kW·h,每再生 1 次的活性炭损耗仅为干燥质量的 0.6%~0.8%,耗水量为活性炭体积的 10 倍。但其只对物理吸附有效,目前再生效率在 50%左右,活性炭孔径大小对再生效率有很大影响。[36]

4.3.7 电化学再生法

电化学再生法是一种以微电解为原理的新型再生方法,在两个主电极上填充活性炭,将直流电场加入到电解液中,活性炭被电流极化形成阴阳两极,形成微电解槽。处于阴极和阳极部分的活性炭发生还原和氧化反应,从而分解吸附在活性炭上的吸附质。同时,电泳力的作用也可以使活性炭上吸附的污染物发生脱附作用,去除活性炭上吸附的污染物质,达到再生的目的。

电化学再生法一般采用间歇搅拌槽电化学反应器或固定床反应器,操作简单,再生效率高,无二次污染,对污染物的处理无太多的局限性,因此,电化学再生法是一种值得期待的新型再生技术。活性炭所处的电极、所使用的电解质种类与含量、电流的大小和再生时间等影响因素有关。其中,最重要的影响因素是活性炭的再生位置,处于阴极上的活性炭再生效率要好于在阳极上的活性炭再生效率,同时再生的效率与电解质的含量、电流的大小,以及再生的时间等均成正比关系。目前,电化学再生法仍需要进一步的研究。[36]

4.3.8 超临界流体再生法

物质的温度和压力高于其临界温度和临界压力时,该物质被称为超临界流体(SCF)。由于具有密度大、表面张力小、溶解度大,传质速率高,扩散性能好等特点,SCF 吸附的有机物非常容易溶于 SCF 溶剂。通过改变温度和压力,可以有效地将有机物与 SCF 分离,达到活性炭再生的目的。

超临界流体法再生活性炭中,最常用的超临界流体为超临界 CO_2。该法对吸附类型是化学吸附的有机物再生效率不高,同时对工艺的技术及设备材料的要求比较高,投资费用大。该方法的研究还大都处于实验室规模,离实现工业化还有一定差距。[34]

4.3.9　光催化再生法

光催化再生法始于 20 世纪 70 年代,在一定波长的光源照射下,光催化剂的表面受到光子的激活产生强氧化性的自由基,通过自由基的氧化作用降解污染物,完成活性炭的再生过程。目前,主要使用的催化剂有 TiO_2、$SrTiO_3$ 等,这些催化剂都是具有较高稳定性的高价固态氧化物半导体,光催化再生只需在紫外线光源的照射下进行,不需要其他工艺步骤,操作简单,无二次污染,也可以使用日光作为光源进行照射,但是其效果较差,且所需的时间更长。[36]

活性炭再生不仅为企业节省了资源,减少了二次污染,同时会带来很可观的经济效益,应当根据活性炭的种类和用途以及被吸附物的成分和数量选择适当的再生方法。表 4-1 对上述活性炭再生方法的优缺点进行了汇总。

表 4-1　活性炭再生方法的优缺点比较[37]

方法	优点	缺点
热再生法	再生效率高,再生时间短,通用性能好,无再生废液产生,再生彻底,对吸附质无选择性	再生过程中炭损失比较大,再生后炭的孔隙结构和表面性质发生改变,吸附效率降低。污染物氧化不完全会释放出有毒有害气体。设备复杂,费用较高

方法	优点	缺点
生物再生法	操作简单,费用较低,环境污染小	再生时间长,再生效率受水质和温度的影响大。针对性强,需要专门驯化特定的细菌。再生时间长。中间产物残留在活性炭微孔中,多次循环后再生效率降低。关于生物再生机理研究较少
湿式氧化再生法	处理对象广泛,适于再生吸附质为难降解有机物的活性炭。反应时间短,再生效率稳定,再生开始后不需要另外加热	对于某些难降解有机物,可能产生毒性较大的中间产物。设备需耐腐蚀、耐高压,要求较高
化学溶剂再生法	活性炭损失极少,可回收利用吸附质且回收率较高	再生率低,处理不当易造成二次污染。再生不完全,易导致微孔堵塞。某些化学溶剂会腐蚀活性炭表面,破坏其结构
微波辐射再生法	加热快速均匀,温度控制高效准确。能耗低,再生后的活性炭微孔发达。微波对活性炭有良好的再生效果	有机物脱附过程是否产生其他中间产物尚不明确,缺少专业的微波加热再生装置
超声波再生法	能耗小,工艺设备简单,炭损失小,仅在局部施加能量	活性炭孔径大小对再生效率影响大,再生效率较低
电化学再生法	操作方便,再生效率高,污染小,多次再生效率降幅小	再生能耗较高,暂未实现工业化
超临界流体再生法	不改变吸附物原有的物化性质,损耗很小,再生效率高	最常用的超临界流体仅限于二氧化碳,活性炭再生过程受到限制,仅处于研究阶段
光催化再生法	再生工艺简单,设备操作容易,能耗低	再生周期长,再生效果差,对光的条件要求较多

4.4　废活性炭的属性

活性炭本身不属于危废,但吸附了 VOCs 的活性炭属于危废。

依据《国家危险废物名录(2021 年版)》,烟气、VOCs 治理过程(不包括餐饮行业油烟治理过程)产生的废活性炭,化学原料和化学制品脱色(不包括有机合成食品添加剂脱色)、除杂、净化过程产生的废活性炭(不包括 900 - 405 - 06、772 - 005 - 18、261 - 053 - 29、265 - 002 - 29、384 - 003 - 29、387 - 001 - 29 类废物)为危险废物,废物代码为 900 - 039 - 49。

明确了废活性炭的属性,那么产生废活性炭的单位、企业应该如何正确管理和处置?

首先,废活性炭的管理计划必须向环保部门备案。根据《中华人民共和国固体废物污染环境防治法》第七十八条规定,产生危险废物的单位,应当按照国家有关规定制订危险废物管理计划;建立危险废物管理台账,如实记录有关信息,并通过国家危险废物信息管理系统向所在地生态环境主管部门申报危险废物的种类、产生量、流向、贮存、处置等有关资料。

其次,企业不得擅自处置废活性炭。根据《中华人民共和国固体废物污染环境防治法》第七十九条规定,产生危险废物的单位,应当按照国家有关规定和环境保护标准要求贮存、利用、处置危险废物,不得擅自倾倒、堆放。

最后,企业必须委托具资质的单位进行处置。根据《中华人民共和国固体废物污染环境防治法》第八十条规定,禁止将危险废物提供或者委托给无许可证的单位或者其他生产经营者从事收集、贮存、利用、处置活动。[38]

4.5 违法处置废活性炭的法律责任

若企业为了图方便或节约成本,不按规定管理和处置废活性炭,则将要承担相应的法律责任。

1. 行政责任

根据《中华人民共和国固体废物污染环境防治法》第一百一十二条：违反本法规定，有下列行为之一，由生态环境主管部门责令改正，处以罚款，没收违法所得；情节严重的，报经有批准权的人民政府批准，可以责令停业或者关闭：

① 未按照规定设置危险废物识别标志的；

② 未按照国家有关规定制订危险废物管理计划或者申报危险废物有关资料的；

③ 擅自倾倒、堆放危险废物的；

④ 将危险废物提供或者委托给无许可证的单位或者其他生产经营者从事经营活动的；

⑤ 未按照国家有关规定填写、运行危险废物转移联单或者未经批准擅自转移危险废物的；

⑥ 未按照国家环境保护标准贮存、利用、处置危险废物或者将危险废物混入非危险废物中贮存的；

⑦ 未经安全性处置，混合收集、贮存、运输、处置具有不相容性质的危险废物的；

⑧ 将危险废物与旅客在同一运输工具上载运的；

⑨ 未经消除污染处理，将收集、贮存、运输、处置危险废物的场所、设施、设备和容器、包装物及其他物品转作他用的；

⑩ 未采取相应防范措施，造成危险废物扬散、流失、渗漏或者其他环境污染的；

⑪ 在运输过程中沿途丢弃、遗撒危险废物的；

⑫ 未制定危险废物意外事故防范措施和应急预案的；

⑬ 未按照国家有关规定建立危险废物管理台账并如实记录的。

有前款第一项、第二项、第五项、第六项、第七项、第八项、第九项、第十二项、第十三项行为之一，处十万元以上一百万元以下的罚款；有前款第三项、第四项、第十项、第十一项行为之一,处所需处置费用三倍以上五倍以下的罚款,所需处置费用不足二十万元的,按二十万元计算。

2. 刑事责任

根据《中华人民共和国刑法修正案》第三百三十八条:违反国家规定,排放、倾倒或者处置有放射性的废物、含传染病病原体的废物、有毒物质或者其他有害物质,严重污染环境的,处三年以下有期徒刑或者拘役,并处或者单处罚金;情节严重的,处三年以上七年以下有期徒刑,并处罚金。

根据《最高人民法院 最高人民检察院关于办理环境污染刑事案件适用法律若干问题的解释》,非法排放、倾倒、处置危险废物 3 吨以上被认定为"严重污染环境"。

涉 VOCs 企业在生产过程中必须高度重视对废活性炭的安全、合法的处置,企业未按要求处置废活性炭的行为不仅会对环境造成难以弥补的损害,企业和相关责任人员也将会付出经济处罚甚至刑罚的代价。

5 操作规范及管理要求

5.1 活性炭吸附处理装置操作规范

活性炭吸附处理装置应先于产生废气的生产工艺设备开启，晚于生产工艺设备停机。鼓励有条件的企业实现与生产装置的连锁控制。

活性炭吸附装置应设置铭牌并张贴在装置醒目位置（可参照排污口设置规范），包含环保产品名称、型号、风量、活性炭名称、装填量、装填方式、活性炭碘值、比表面积等内容。如图 5-1 所示。

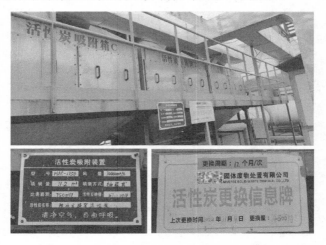

图 5-1 某企业活性炭吸附装置现场铭牌照片

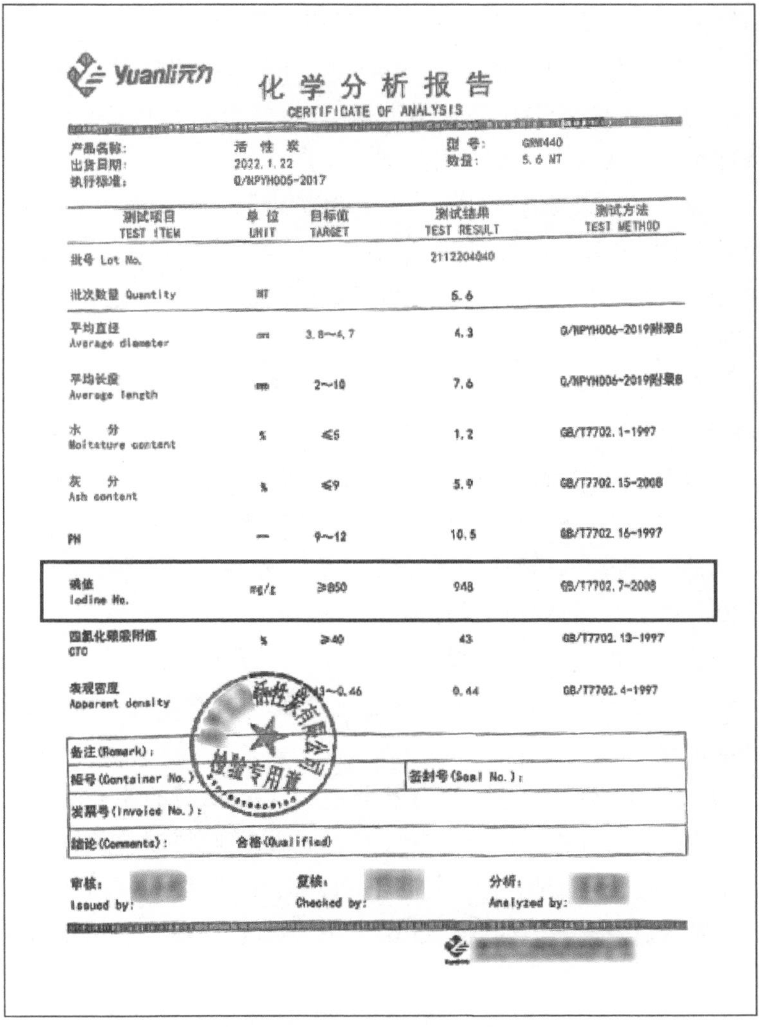

Yuanli元力

化学分析报告

CERTIFICATE OF ANALYSIS

产品名称：活性炭　　型号：GRM440

出货日期：2022.1.22　　数量：5.6 MT

执行标准：Q/NPYH005-2017

测试项目 TEST ITEM	单位 UNIT	目标值 TARGET	测试结果 TEST RESULT	测试方法 TEST METHOD
批号 Lot No.			2112204040	
批次数量 Quantity	MT		5.6	
平均直径 Average diameter	mm	3.8~4.7	4.3	Q/NPYH006-2019附录B
平均长度 Average length	mm	2~10	7.6	Q/NPYH006-2019附录B
水分 Moitsture content	%	≤5	1.2	GB/T7702.1-1997
灰分 Ash content	%	≤9	5.9	GB/T7702.15-2008
PH	—	9~12	10.5	GB/T7702.16-1997
碘值 Iodine No.	mg/g	≥850	948	GB/T7702.7-2008
四氯化碳吸附值 CTC	%	≥40	43	GB/T7702.13-1997
表观密度 Apparent density		[illegible]3~0.46	0.44	GB/T7702.4-1997

备注(Remark)：

柜号(Container No.)：　　签封号(Seal No.)：

发票号(Invoice No.)：

结论(Comments)：合格(Qualified)

审核：Issued by:　　复核：Checked by:　　分析：Analyzed by:

图 5-2　活性炭检测报告复印件

采用活性炭吸附装置的企业应配备 VOCs 监测设备。应在活性炭吸附技术装置进气和出气管道上设置采样口,采样口设置应符合

《环境保护产品技术要求　工业废气吸附净化装置》(HJ/T 386—2007)的要求,便于日常监测活性炭吸附效率。当出口废气浓度≥排放限值的 70%时,应及时更换活性炭,并做好相应台账更换记录及危废入库记录。活性炭检测报告如图 5-2 所示。

企业应做好活性炭吸附日常运行维护台账记录,主要包括设备运行启停时间、设备运行参数、耗材消耗(采购量、使用量、装填量、更换量和更换时间、处置记录等)及能源消耗(电耗)等,台账记录保存期限不得少于 5 年。

各级生态环境部门应加强对排污单位排污许可证执行情况的监管,未按排污许可证要求记录台账的,应根据《排污许可管理条例》第三十七条规定,责令排污单位改正,处每次 5 千元以上 2 万元以下的罚款。排污单位接受监督检查时弄虚作假,提供虚假活性炭管理台账的,应根据《排污许可管理条例》第三十九条规定,责令排污单位改正,处 2 万元以上 20 万元以下的罚款。

在使用过程中,要有防爆、降温和灭火装置保证废气治理设施安全,当发生意外时要能立即报警并能自动启动相关装置。具体安全控制要求包括:

① 安装事故报警装置,符合安全生产、事故防范的相关规定;

② 风机、电机置于现场的电气仪表不低于现场防爆等级;

③ 吸附操作周期内,吸附了有机气体后吸附床内的温度低于 83 ℃,当吸附装置内的温度超过 83 ℃时,系统自动报警,并启动降温措施;

④ 吸附装置具备短路保护和接地保护,接地电阻小于 4 Ω;

⑤ 治理系统与主体生产装置间的管道应安装阻火设施;

⑥ 采用热空气吹扫再生时,热气流温度超过 120 ℃时应启动报警及降温设施。

对不规范使用的情况须承担相应的法律后果,例如,对未配套建设废气治理设施的企业依法责令停产,限期整改;除恶臭异味治理外,新建企业一律不得采用单一低温等离子、光催化、光氧化、水喷淋等低效末端治理技术,现有企业应尽快更换为高效治理工艺(如燃烧技术等)或采用多种工艺组合式进行改造。各地根据实际情况确定各企业改造时间,最长不超过3个月。

《中华人民共和国大气污染防治法》第一百零八条:违反本法规定,有下列行为之一的,由县级以上人民政府生态环境主管部门责令改正,处二万元以上二十万元以下的罚款;拒不改正的,责令停产整治。

① 产生含挥发性有机物废气的生产和服务活动,未在密闭空间或者设备中进行,未按照规定安装、使用污染防治设施,或者未采取减少废气排放措施的;

② 工业涂装企业未使用低挥发性有机物含量涂料或者未建立、保存台账的;

③ 石油、化工以及其他生产和使用有机溶剂的企业,未采取措施对管道、设备进行日常维护、维修,减少物料泄漏或者对泄漏的物料未及时收集处理的;

④ 储油储气库、加油加气站和油罐车、气罐车等,未按照国家有关规定安装并正常使用油气回收装置的;

⑤ 钢铁、建材、有色金属、石油、化工、制药、矿产开采等企业,未采取集中收集处理、密闭、围挡、遮盖、清扫、洒水等措施,控制、减少粉尘和气态污染物排放的;

⑥ 工业生产、垃圾填埋或者其他活动中产生的可燃性气体未回收利用,不具备回收利用条件未进行防治污染处理,或者可燃性气体回收利用装置不能正常作业,未及时修复或者更新的。

《中华人民共和国大气污染防治法》第九十九条第三项:通过逃避监管的方式排放大气污染物的,由县级以上人民政府生态环境主管部门责令改正或者限制生产、停产整治,并处十万元以上一百万元以下的罚款;情节严重的,报经有批准权的人民政府批准,责令停业、关闭。

5.2　涉活性炭吸附排污单位的环境管理要求

1. 涉活性炭吸附排污单位的排污许可证填报要求

排污单位应根据废气活性炭吸附处理设施设计方案确定活性炭更换周期,并在排污许可证申领填报系统固体废弃物污染物排放信息—申请排放信息模块中,"固体废物排放信息表"中"其他信息"对应废活性炭填报处填报活性炭更换周期,并在附件中上传废气活性炭吸附处理设施设计方案。

排污单位无废气处理设施设计方案或实际建设情况与设计方案不符时,参照公式(3-1)计算活性炭更换周期,并在附件中上传计算过程,计算中动态吸附量取值高于10%的应上传含有动态吸附量取值依据的活性炭性能证明文件。[30]

2. 涉活性炭吸附排污单位的环境管理台账要求

根据《排污许可管理条例》、《关于印发〈重点行业挥发性有机物综合治理方案〉的通知》(环大气〔2019〕53号)及《挥发性有机物治理实用手册》中的要求,排污单位应建立环境管理台账记录制度,对吸附剂种类及填装情况,一次性吸附剂更换时间和更换量,再生型吸附剂再生周期、更换情况,废吸附剂储存、处置情况,进行详细记录并妥善保存。环境管理台账记录保存期限不得少于5年。[30]

3. 涉活性炭吸附排污单位的执行报告填报要求

排污单位在填报执行报告年报时,应在污染防治设施运行情况—污染治理设施正常运转信息模块,"废气污染治理设施正常运转情况表"涉及活性炭吸附处理设施的信息填报中,填报设施运行时间、运行费用、去除效率和废活性炭产生量等信息。[30]

4. 对涉活性炭吸附设施的长效管理机制

《省生态环境厅关于深入开展涉 VOCs 治理重点工作核查的通知》(苏环办〔2022〕218 号)中明确提出：组织企业登录江苏省污染源"一企一档"管理系统(企业"环保脸谱")录入活性炭吸附设施相关信息、定期上传设施运行维护记录、签收活性炭状态预警及超期信息，录入时间另行通知。各级生态环境工作人员及时在省厅云桌面电脑端(政府"环保脸谱"管理端)内查看活性炭状态预警及超期信息，督促企业定期、规范更换优质活性炭。一旦发现企业不及时整改，或整改后预警信息仍然存在等情况，及时组织执法人员开展现场检查。[18] 如图5-3 所示。

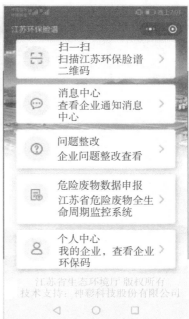

图 5-3 "环保脸谱"APP 危废管理系统界面展示

5.3　活性炭相关环境违法案件

江苏省生态环境厅组织开展大气 2 号专项执法行动（"活性炭"专项执法行动），有力打击活性炭废气治理设施不正常运行、废气直排偷排等违法行为。共检查企业 461 家，发现生态环境问题 926 个。

其中，涉嫌生态环境违法行为 304 个，涉及企业 175 家，立案查处率 38%。为进一步巩固行动效果，扩大震慑效应，江苏省生态环境厅汇总了 10 个活性炭生态环境违法犯罪典型案例。[39][40][41]

【案例 1】　南京市某制泵有限公司不正常使用活性炭吸附装置案

（1）基本案情

2021 年 3 月 26 日，南京市生态环境局执法人员在小型工业园区专项检查中发现，南京某制泵有限公司建有喷漆房一座，配套建有含挥发性有机物废气处理设施一套。该废气处理设施工艺为过滤棉＋活性炭吸附，处理后的废气进行 15 m 高空排放。

经查，该废气处理设施最近一次更换活性炭时间为 2020 年 12 月 22 日，活性炭填充量为 12.5 kg，填充明显不足。经核实，环评文件要求废气处理设施活性炭填充量为 50 kg，企业在 2020 年底更换活性炭时，未按环评要求填充，导致废气处理设施未正常运行。

（2）查处情况

该公司违反了《中华人民共和国大气污染防治法》第四十五条规定。依据《中华人民共和国大气污染防治法》第一百零八条，经南京市生态环境局案件集体讨论通过，2021 年 6 月 9 日对违法当事人下达行政处罚决定书，处罚款 4 万元。

【案例2】 无锡市洛社镇某塑料加工场废气处理设施不正常运行案

（1）基本案情

2021年3月16日，无锡市惠山生态环境局信访调处发现，无锡市洛社镇某塑料加工场南车间4条塑料挤出造粒线均在生产，配套的二级活性炭废气处理设施开启，但设施内未安装活性炭，该加工场的废气处理设施不正常运行。

（2）查处情况

此案当事人违反了《中华人民共和国大气污染防治法》第二十条第二款的规定。依据《中华人民共和国大气污染防治法》第九十九条第三项，经该局案审会讨论通过，责令改正违法行为，罚款人民币12万元。

同时，根据《中华人民共和国环境保护法》第六十三条、《行政主管部门移送适用行政拘留环境违法案件暂行办法》第七条等有关规定，对负责废气处理设施的相关责任人员依法移送公安机关行政拘留。

【案例3】 常州市某文化用品有限公司不正常运行大气污染防治设施案

（1）基本案情

2021年5月31日，常州市生态环境局接信访问题交办，对常州市某文化用品有限公司进行现场检查，发现该单位在钢琴椅项目的生产过程中，产生调漆、喷漆、晾干等工艺废气，配套建有"水帘＋活性炭＋光催化氧化"废气处理设施。

现场检查时发现该单位上述项目喷漆工段正在生产，配套的废气处理设施水帘、光催化氧化设施正在运行，但活性炭箱内未有活性炭，大气污染防治设施涉嫌不正常运行。

（2）查处情况

该公司违反《中华人民共和国大气污染防治法》第二十条第二款

之规定,依据《中华人民共和国大气污染防治法》第九十九条第(三)项规定,常州市生态环境局于 2021 年 6 月 4 日对该单位下达了《责令改正违法行为决定书》,同时对涉案设施设备进行了查封,于 2021 年 7 月 26 日下达行政处罚告知书,拟处罚款 10 万元,将该案移送公安机关,对相关责任人实施行政拘留。

【案例 4】　苏州某塑料有限公司不按规定使用活性炭装置案

(1)基本案情

2020 年 10 月 28 日,苏州市生态环境综合行政执法局执法人员对苏州市相城区某塑料有限公司进行夜间突击执法检查,发现该公司南、北车间均在生产,车间大门及窗户处于开启状态,配套的两套废气处理设施引风机正在运行,两车间生产产生的熔融 VOCs 经各自配套的活性炭吸附装置处理后,尾气正通过各自排气筒排放。

现场进一步查实,该公司两套活性炭吸附装置炭箱中,活性炭颗粒均仅装填至炭箱三分之一高度处,部分熔融挤出 VOCs 废气未经活性炭有效吸附处理即通过排气筒排放。

(2)查处情况

该公司上述行为违反《中华人民共和国大气污染防治法》第四十五条的规定,构成产生含挥发性有机物废气的生产和服务活动,未在密闭空间或设备中进行,未按照规定使用污染防治设施的违法行为。依据《中华人民共和国大气污染防治法》第一百零八条第(一)项的规定,决定责令改正违法排污行为,罚款人民币 4 万元。

【案例 5】　镇江某药业有限公司未运行废气处理设施案

(1)基本案情

2021 年 3 月 19 日,镇江市新区生态环境综合行政执法局在开展废气治理活性炭专项执法检查过程中发现,镇江某药业有限公司注塑车间正在进行生产,6 台注塑机中 4 台正在进行注塑作业,配套的挥发性有机物废气处理设施未运行。该公司废气处理设施为二级活性炭吸附装置,对该设施进行检查时发现,企业无活性炭更换记录,装置内活性炭外观呈偏长弯曲状、颜色偏灰,且密度较大。结合台账分析,该企业活性炭未及时更换。

(2)查处情况

该企业违反了《中华人民共和国大气污染防治法》第四十五条规定。依据《中华人民共和国行政处罚法》第二十三条、《中华人民共和国大气污染防治法》第一百零八条第一项,责令当事人立即整改上述违法行为,经局领导审批,于 2021 年 3 月 29 日进行立案,并处以罚款 3 万元。

【案例 6】 丹阳市某汽车饰件有限公司废气治理设施活性炭装置不正常运行案

(1)基本案情

2021 年 3 月 3 日,镇江市生态环境综合行政执法局执法人员对丹阳市某汽车饰件有限公司进行检查,该单位生产车间大门敞开,存在明显异味,生产车间内喷漆工段正在生产,生产使用的物料为含 38% 甲苯的油漆,进一步检查发现,该单位 VOCs 治理设施未开启,喷淋塔未进行水喷淋,活性炭箱内的活性炭表面积漆严重,同时,该单位未能提供活性炭更换记录及活性炭质量合格相关证书。

(2)查处情况

该公司违反了《中华人民共和国大气污染防治法》第四十五条"产生含挥发性有机物废气的生产和服务活动,应当在密闭空间或者设备中进行,并按照规定安装、使用污染防治设施"的规定。依据《中华人民共和国大气污染防治法》第一百零八条第一项,经镇江市生态环境局案审会讨论通过,2021 年 4 月 8 日下达处罚决定书,并处以罚款 3 万元。

【案例 7】 泰州市某机械制造有限公司涉嫌以不正常运行大气污染防治设施的方式排放大气污染因子案

(1)基本案情

2021年4月13日,泰州市姜堰生态环境局接群众举报,反映泰州市某机械制造有限公司存在废气违法行为。泰州市姜堰生态环境局检查发现,该公司脱蜡工序正常运行而配套的废气处理设施(活性炭吸附)未开启。执法人员现场要求企业开启,该废气处理设施电线未连接电源,现场接通电源后开启,该脱蜡工序配套的废气处理设施可正常使用。

(2)查处情况

该公司行为违反了《中华人民共和国大气污染防治法》第二十条规定,依据《中华人民共和国大气污染防治法》第九十九条第(三)项规定,经案审会讨论,2021年5月31日下达处罚告知书,2021年7月5日作出处罚决定,处以罚款20万元。

【案例8】 江苏某船业有限公司未使用移动式VOCs收集处理装置案

(1)基本案情

2021年5月21日,连云港市灌南生态环境局执法人员对江苏某船业有限公司进行现场检查,发现该公司厂区内停放一艘船舶,工人正在对该船舶甲板进行喷漆作业,现场未完全密闭且未按照规定使用污染防治设施即移动式VOCs收集处理装置。经查阅当事人提供的《江苏某船业有限公司年修造40万吨船舶项目变动影响分析报告》,确认当事人喷漆工段产生挥发性有机废气,需要使用污染防治设施,即移动式VOCs收集处理装置(滤网+活性炭吸附)。

(2)查处情况

当事人的上述行为违反了《中华人民共和国大气污染防治法》第四十五条的规定,应当承担相应的法律责任。2021年7月14日,依据《中华人民共和国大气污染防治法》第一百零八条第一款第一项规定及《江苏省生态环境行政处罚裁量基准规定》有关规定,连云港市生态环境局决定对当事人作出罚款5.2万元的行政处罚。

【案例 9】 盐城市某家具有限公司未按规定使用废气防治设施案

（1）基本案情

2020 年 10 月 5 日，盐城市生态环境执法人员对盐城市某家具有限公司进行现场检查发现，该公司喷漆工段正在生产，现场 1 个底漆喷漆房正在喷漆作业，执法人员对废气装置活性炭箱进行开箱检查，发现活性炭箱内过滤棉破损，蜂窝状活性炭块填充量不足；2 个面漆房和 1 个修色房正在喷漆和修色作业，执法人员对处理喷漆废气的活性炭箱进行开箱检查，发现活性炭箱内过滤棉损坏，蜂窝状活性炭块多处呈粉末状，部分活性炭填充位活性炭块缺失。

（2）查处情况

该公司产生含挥发性有机物废气的生产活动，未按规定使用废气防治设施的行为违反了《中华人民共和国大气污染防治法》第四十五条之规定。依据《中华人民共和国大气污染防治法》第一百零八条第一项，责令立即改正底漆房、面漆房、修色房作业过程中产生含挥发性有机物废气，未按照规定使用污染防治设施的行为，并处罚款 2.88 万元。

【案例 10】 如东某铸造厂未按照规定正常使用废气活性炭吸附装置案

（1）基本案情

如东某铸造厂经营的健身器材项目在炼胶、包胶硫化工段有 VOCs 和粉尘产生，该单位在炼胶工段建设有布袋除尘装置，在包胶硫化工段建设有活性炭吸附装置。经南通市如东生态环境局执法人员 2020 年 12 月 7 日、12 月 16 日现场检查及查阅如东某铸造厂危险废物台账资料，发现该单位自 2017 年配建废气活性炭吸附装置后，仅在 2020 年 10 月 30 日更换过废气处理设施中活性炭一次，共计 21kg，未按照环保要求保证废气活性炭吸附装置正常运行。

（2）查处情况

当事人违反了《中华人民共和国大气污染防治法》第四十五条之

规定,依据《中华人民共和国大气污染防治法》第一百零八条第一款第一项之规定,南通市生态环境局于 2021 年 2 月 3 日下达行政处罚决定,责令该单位改正违法行为,保证健身器材项目有挥发性废气生产时废气活性炭吸附装置正常运行,处罚款人民币 2.2 万元整。

5.4 以案为鉴

活性炭吸附技术因具有前期投资小、设备安装便捷、运行灵活等优势,在工业有机废气处理领域得到普遍应用,在 VOCs 防治中发挥着无可替代的重要作用。

但是活性炭专项行动的突击检查发现涉及活性炭吸附设施的企业存在不少问题,诸如设计风量与处理废气不匹配、设备结构不合理、吸附前预处理不到位、吸附层气体流速不满足标准等工艺问题,以及活性炭以次充好、活性炭填充量不足以及填充松散存在大量空隙、活性炭更换不及时、台账记录不完善等管理问题,让治理效果大打折扣;甚至出现对活性炭污染防治设施进行"开箱查验"时发现活性炭空箱等违法行为。5.3 节中一个个现实案例也给所有相关企业敲响了警钟。

执法部门在检查过程中不能被"污染防治设施正在运行"的假象蒙蔽双眼,应对活性炭污染防治设施进行"开箱查验";在人工勘查的基础上,结合便携式气体检测仪、走航车等科学技术手段,及时、精准定位违法行为,提高执法效能。对于未设置废气处理设施、设施不正常运行、有机废气未规范收集处理、大气污染物超标排放等环境违法行为坚决立案查处,同时监督和指导企业立即整改,重视活性炭质量,及时更换活性炭,规范脱附运行,保障废气处理见实效。

参考文献

［1］环评互联网. 活性炭吸附原理是什么［EB/OL］. (2022-06-27).
　　http://mp. weixin. qq. com/s/DtflR5-lnV8ic6BZBrNiYg.

［2］孙吉峻，李健军，韩琳，等. 神奇的活性炭家族［J］. 大学化学
　　2021,36(10):153-159.

［3］粉状活性炭［EB/OL］. ［2021-05-02］. http://www. bkhxt. com/
　　product/2242. htm.

［4］煤质活性炭［EB/OL］. ［2021-05-02］. http://www. bkhxt. com/
　　product/2237. htm.

［5］椰壳活性炭［EB/OL］. ［2021-05-15］. http://www. bkhxt. com/
　　product/2234. htm.

［6］高清活性炭电镜照片［EB/OL］. (2018-12-10)［2021-05-02］.
　　http://www. huoxingtan123. com/news/730. html.

［7］谢毅妮. 口服沥青基球形活性炭对糖尿病模型大鼠治疗作用的
　　研究［D］. 上海：华东理工大学,2011.

［8］环保之家. 如何简易识别高品质活性炭？［EB/OL］. (2020-10-
　　08). http://mp. weixin. qq. com/s/WMvHZrBscvoigoFizzZfBg.

［9］山西新华化工有限责任公司,中国兵器工业标准化研究所. 活性
　　炭分类和命名：GB/T 32560—2016［S］. 北京：中国兵器工业集团
　　公司,2016.

［10］临清市环境保护局. 活性炭都有哪些种类,如何选择活性炭［EB/OL］.

(2021-06-21). https://www.sohu.com/a/473339728_121106991.

[11] 钱丹冰.冷凝回收-活性炭吸附工艺处理干燥机有机废气工程设计与运行[J].中国高新科技,2021(2):13-14.

[12] 苏新.关于活性炭吸附法处理有机废气的实际应用探究[J].皮革制作与环保科技,2022,3(2):22-23,33.

[13] 活性炭的指标详解（三）[EB/OL]. https://wenku.baidu.com/view/c20bb7bab34e852458fb770bf78a6529657d3516? aggId＝47734406f7335a8102d276a20029bd64783e62ed&fr＝catalogMain_text_ernie_recall_backup_new％3Awk_recommend_main5&_wkts_＝1682428057809.

[14] 活性炭的指标详解（一）[EB/OL]. https://wenku.baidu.com/view/47734406f7335a8102d276a20029bd64783e62ed? _wkts_＝1682427331669.

[15] 活性炭的指标详解（二）[EB/OL]. https://wenku.baidu.com/view/524a464fa7e9856a561252d380eb6294dd88228c? aggId＝47734406f7335a8102d276a20029bd64783e62ed&fr＝catalogMain_text_ernie_recall_backup_new％3Awk_recommend_main5&_wkts_＝1682428016441.

[16] 国家林业和草原局.工业有机废气净化用活性炭技术指标及试验方法:LY/T 3284—2021:[S].北京:全国林化产品标准化技术委员会,2021.

[17] 江苏生态环境.一图读懂|走进江苏气专项,详解"活性炭"[EB/OL].(2021-08-27). http://mp.weixin.qq.com/s/YhhoXDfwOL4lc-2BnwOgRg.

[18] 省生态环境厅关于深入开展涉VOCs治理重点工作核查的通知[Z].江苏省生态环境厅,2022.

[19] 江苏省生态环境厅关于征求《工业有机废气治理用活性炭质量标准(征求意见稿)》意见的函[Z].南京:江苏省生态环境厅,2021.

[20] 丁梦婕,邵君娜.蜂窝活性炭吸附法在有机废气处理中的应用研究[J].清洗世界,2022,38(5):50-52.

[21] 谭爽,杨见青,李晨静.关于活性炭吸附法处理有机废气在实际应用问题的探讨[J].广东化工,2020,47(18):141-142.

[22] 众瑞仪器.什么是VOCS?它的危害体现在什么地方?[EB/OL].(2020-05-19).https://zhuanlan.zhihu.com/p/141963505♯%E6%9D%A5%E6%BA%90%E3%80%81%E7%8E%B0%E7%8A%B6%E4%B8%8E%E5%88%86%E7%B1%BB.

[23] 邵华,张俊平.中国VOCs治理现状综述[J].中国氯碱,2018(11):29-32.

[24] 生态环境部大气环境司,生态环境部环境规划院.挥发性有机物治理实用手册(第二版)[M].北京:中国环境出版集团,2020:120-125.

[25] 活性炭吸附脱附及附属设备选型详细计算书[EB/OL].(2020-02-03).https://www.docin.com/p-2304506412.html.

[26] 周至山.一种用于废气净化的活性炭吸附工艺:CN201811506855.6[P].2019-02-01.

[27] 废气处理常见设备之活性炭吸附设备[EB/OL].(2019-05-28)https://zhuanlan.zhihu.com/p/67291819.

[28] VOCs转轮吸附技术现状、趋势与市场解析及国内外对比[EB/OL].(2017-07-23).https://www.sohu.com/a/159336426_656429.

[29] 浙江省分散吸附-集中再生活性炭法挥发性有机物治理体系建设技术指南(试行)[Z].杭州:浙江省生态环境厅,2021.

[30] 省生态环境厅关于将排污单位活性炭使用更换纳入排污许可管理的通知[Z].南京:江苏省生态环境厅,2021.

[31] 石家庄市涉VOCs企业活性炭吸附脱附技术指南[Z].石家庄:石家庄市生态环境局,2020.

[32] 活性炭吸附催化燃烧装置说明书[Z].北京:北京马赫天诚科技有限公司,2020.

[33] 杭州市生态环境局.活性炭吸/脱附自动解吸—冷凝回收装置[EB/OL].(2022-08-22).http://epb.hangzhou.gov.cn/art/2022/8/22/art_1229560412_59024500.html.

[34] 董文龙.几种活性炭再生方法的比较[J].湖北林业科技,2012(2):63-65.

[35] 活性炭再生方法及使用注意事项[EB/OL].(2020-08-10).https://www.sohu.com/a/412061043_598127.

[36] 如何让活性炭起死回生?![EB/OL].(2021-01-08).https://zhuanlan.zhihu.com/p/342859772.

[37] 活性炭的再生方法比较及其发展趋势研究[EB/OL].(2020-07-14).https://www.sohu.com/a/407540533_120677699.

[38] 环保之家.废活性炭就属危废?吸附VOCs的呢?涉及需注意的违法行为哪几种?企业应该怎样做?.[EB/OL].(2022-05-21).http://mp.weixin.qq.com/slnUPCflRMUf40-NIqN4u3Sw.

[39] 江苏省生态环境厅.实名曝光"活性炭"专项执法行动—典型案例(上)[EB/OL].(2021-08-23).http://sthjt.jiangsu.gov.cn/art/2021/8/23/art_83593_10046540.html.

[40] 江苏省生态环境厅.实名曝光"活性炭"专项执法行动——典型案例(中)[EB/OL].(2021-09-08).http://sthjt.jiangsu.gov.cn/art/2021/9/8/art_83594_10046551.html.

[41] 江苏省生态环境厅.实名曝光"活性炭"专项执法行动—典型案例(下)[EB/OL].(2021-09-16).http://sthjt.jiangsu.gov.cn/art/2021/9/16/art_83594_10046552.html.

书中部分图片来源于网络。